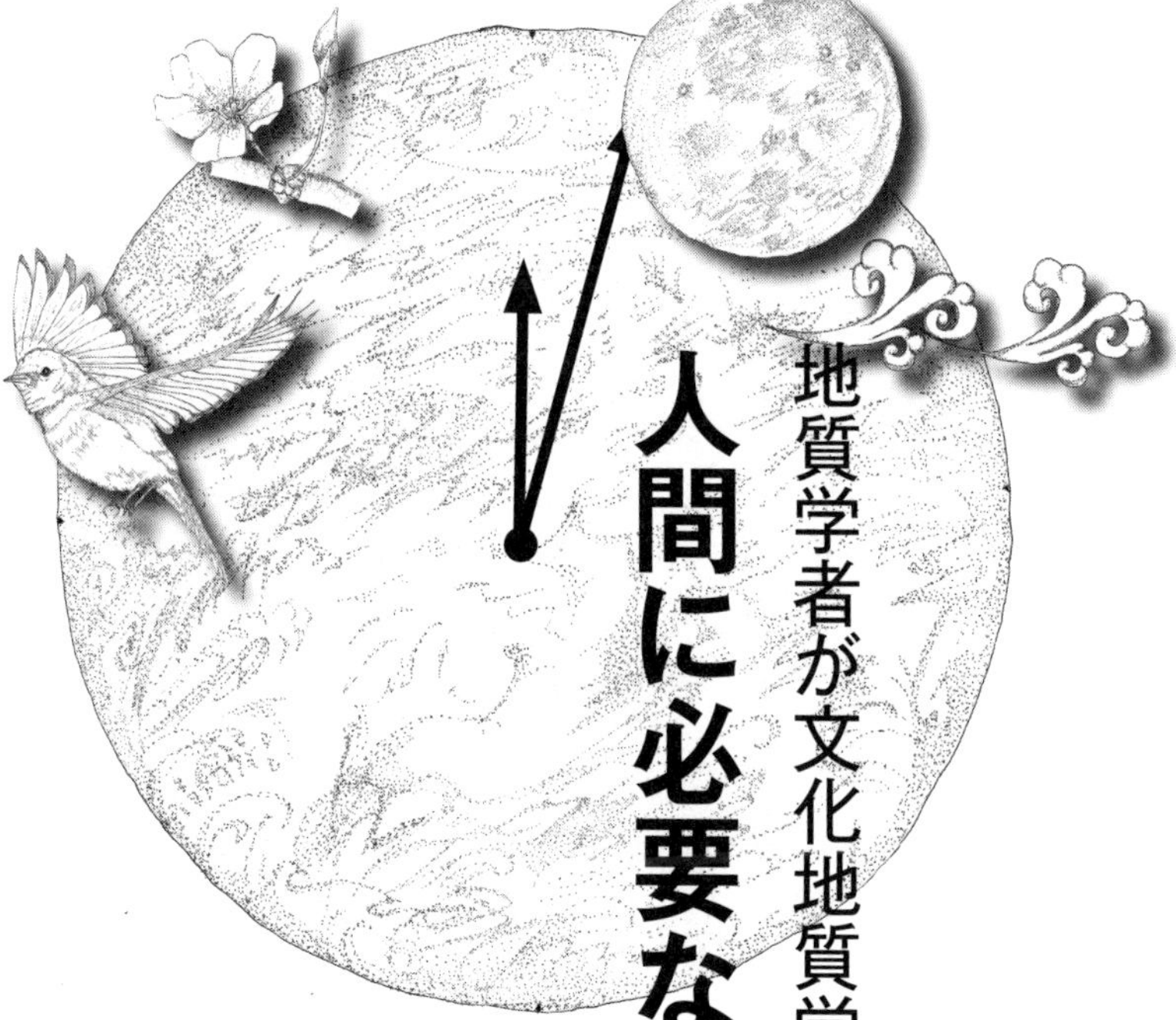

地質学者が文化地質学的に考える

人間に必要な三つのつながり

原田憲一

ヴィッセン出版

長い自己紹介

はじめまして。長年地質学を学んできた原田憲一です。二〇一八年に現役をしりぞいて、京都市内の百万遍《ひゃくまんべん》と呼ばれる地域、かつて学んだ京都大学理学部の西隣で自活しています。と書くと、根っからの京都人かのように印象づけてしまいますが、そこは「そうではない」のです。

では私は何者か、というと「両親から受け継いだ九州男児の赤い血に、甲州商人の才覚と京の雅を身につけて、山形で東北人の粘りを学び、萩で維新の志士たちの志に接し、今は京都で悠々自適の、国際人ならぬ国内人です」。

このように煙に巻くような答えでは失礼なので多少細かく自己紹介をいたします。拙著出身が生まれた場所を指すのだとすれば、確かに出身は山梨県の甲府市です。拙著の著者略歴にも一九四六年生まれ、甲府市出身と書かれています。しかし両親とも九州生まれの九州育ちなので、甲府に親戚縁者は一人もいません。また三歳の時に京都郊外に引っ越したので、甲府での思い出は何もなく、山梨や甲府と聞いても特別な感情も湧きません。出身が甲府だとは言いづらいのです。

ではは出身は京都かと問われると「はい、そうです」と素直には答えられません。なぜならば、いわゆる京都人とは御所近辺に住んでいて、祖先を遡れば藤原家や冷泉家などの公家に繋がり、指折り数えられる家系の範囲で、天皇家となんらかの結びつきを誇れる人たちを指す言葉だからです。

例えば私が大学に入学してすぐに家庭教師にいった家では、開口一番「我が家は藤原氏の直系で五代遡ると大谷家に繋がり、そこから貞明皇后に繋がるので、天皇家とは遠い親戚になる」と説明してくれたものです。

京都人にとって前の戦争「応仁の乱」の後から洛中に住みついた人たちでさえ身内とは認められていないのに、第二次世界大戦後の洛外で育った身では京都が故郷だとはおこがましくて言いだせません。

中学・高校は市内にある私立学校に通いました。当時は友人がどこから通っているのかなど気にもしなかったのですが、還暦を過ぎてからの同窓会になると、そうしたことが話題になることもあります。そこで、育ったのは「○○」と地名を言うと「あんなとこ、京都ちゃうやん」という声が中京《なかぎょう》育ちの友人から発せられます。日本テレビ系列で放送されていた「ケンミンSHOW」のような、ご当地ならではの常識を面白く紹介した番組で、ときどき京都人がからかいの対象になります。他府県の人は「やらせじゃないの」と疑うかもしれませんが、洛外の住人の多くは「そやそや」と頷いていると思います。

小学校を出るまでは、学校の友人と群れて、屋外で遊んでいました。桂川の堤防で走り回ったり、川辺に広がる水田の水路で泳いだり、あるいは神社の境内で遊んだりして、集団生活の基礎を身につけたように思います。その間、ハスの実をとりに沼に入って足を泥にとられて立ち往生したり、冬の池に一人で、筏で漕ぎだして水に落ち、筏にすがって岸までたどり着いたりと、今から思えば「危機一髪」という体験もありました。

台風が来ると桂川が増水して、たびたび床下浸水に見舞われました。大型台風が来そうなときは、高台にある友人の家に泊めてもらい、お祭り気分で一夜を過ごしました。台風が過ぎ去ると、近所の人々が協力して、瓦礫を片付けたり日用品を融通しあったりと、「苦しい時はお互い様」という近所づきあいも目の当たりにしました。

中学校へは電車通学になったので小学校の友人とは縁遠くなりました。このころの遊びといえば、ときどき週末にハイキングで北山や比良山系へ行く以外は、もっぱら気の合った友人と繁華街をぶらついたり映画を観たりでした。こうした京都市中の友人との付き合いを通じて、両親から学べなかった京都人の考え方や付合い方に馴染むことができました。

振り返ってみると、私の京都人的な価値観や考え方の大本は高校までに培われたようです。多感な成長期に接した文化的環境がいかに重要かがわかります。

大学に入ると、父親の転職で家族は横浜市内に移り、私は下宿することになりました。下宿といっても、六畳か八畳のひと間を借りるだけです。食事は外食で風呂は銭湯で済ますので、日常的な買い物などはほとんど不要です。大家さんとは滅多に顔を合わせないので大人との会話はなく、高校時代の友人や大学の友人と過ごす時間以外は、一人で本を読んでいました。世間から切り離された狭い空間で、唯我独尊的な生活を送っていたのです。

とはいえ、一人暮らしをすると生活面での課題はすべて自分で考え自分で決めて実行してゆかねばなりません。そうした際に拠りどころとなるのは両親の姿です。自分はどう生きるかという基本的な心構えは両親から受け継いだものだといえるでしょう。

プレートテクトニクス理論

地球の表層は何枚かのプレートに分かれていて、それぞれのプレートが水平移動しています。プレートが移動することによって、上にある海も島も陸もいっしょに移動します。そしてこのプレートの移動は地球でおこるさまざまな現象を引きおこしているとする理論がプレートテクトニクス理論です。この理論は 1960 年代に登場し、日本では 1980 年代になって広がりました。

三回生の冬に大学紛争が激化して大学本部が封鎖され、四回生前期の授業はほとんどなくなりました。それもあって、卒業研究にさいしては、北海道大学理学部で半年間過ごしました。当時最先端だった電子顕微鏡の技術を習うためです。おかげで北大にも先輩と友人ができました。大学院で研究を続けたいという意欲も湧きました。また、受け入れてくださった先生が米国の研究所に移籍することになり、その縁で大学院入学後の一九七〇年一〇月からまる二年間、マサチューセッツ州のウッズホール海洋学研究所に留学することができました。英語力と学力の不足で授業についてゆくのに苦労しましたが、夜遅くまで図書館で勉強する大学院生の姿をみて大いに刺激を受けました。

当時の米国は海洋地質学のトップランナーで、一九六五年に提唱されたプレートテクトニクス理論の建設をけん引していました。ウッズホールは米国の三大海洋学研究所の一つで、国際的に著名な研究者が毎月のように訪れてきて、最新の研究成果を披露してくれました。それだけに学問的な競争は激しく、若手研究者や大学院生の出入りも激しかったようです。それでも、「ここで駄目でも、別の場所で違うことをやればチャンスはある」という大学院生や若手研究者の言葉を聞いて、あきらめなければ道は開けるという楽観的な人間に変わることができました。誰もが右肩上がりの成長を信じて疑わなかった時代だったからこそ、なのでしょう。しかし、いまも研究を楽しんでおれるのは、この留学体験のおかげだと、お世話になった方々に感謝しています。

帰国して大学院に復帰したものの、修士課程で研究したいテーマを指導してくれる先生がいなかったので、大阪大学教養部の地学研究室に二年間通って微化石の研究法の指導をうけ、修士論文を仕上げました。博士課程では、海洋鉱物資源の一種であるマンガン団塊の成因に興味をもち、奈良教育大学地学教室で走査型電子顕微鏡を利用させてもらい、観察した微化石の種の鑑定法を教えてもらいました。こうした体験を通じて、国立大学といえども、各大学には学風というものがあると実感しました。またこうした経験のおかげで、研究者として独り立ちできて、後に留学先で専用の研究室をあてがわれたときにも、孤独感に悩まされることなく研究に打ち込めました。

ここまでを振り返ってみると、じつに自由に生きてきたと思います。言い換えれば流れに抗わず、ということでしょうか。そうした根無し草のような私が山形大学で職を得たのは全くの偶然です。少し長くなりますが、山形大学で教鞭をとるようになるまでのことを、お話しましょう。

一九七七年に京都大学で大学院を終えて博士になったものの、国内に職はありませんでした。幸いにも三回生のころから恩師と仰いでいた先生の口添えで、西ドイツ（当時）のアレキサンダー・フォン・フンボルト財団の奨学金を得て、七八年の春から北ドイツの軍港として名高いキールにあるキール大学に、家族連れで留学することができました。年を越して娘が一歳になってほっと一息つく間もなく、奨学金の給付期限が刻々と迫ってきます。三月末には次女が生まれてこようとしているのに、日本に職は見つかりません。

思い切ってクウェート大学にでも出稼ぎに行くかと考えていたとき、前年フランスで開催された海洋鉱物資源の国際会議で出会った米国ワシントン州立大学のソーレム教授から有難いお誘いを受けたのです。それは「九か月間しか保証できないが、客員講師として来ないか」という話でした。

渡りに船とばかりに、一家四人で百キログラム余りの荷物を抱えてドイツを飛び立ち、大西洋を越えて渡米しました。大学はシアトルから五百キロメートルほど離れた内陸部の町プルマンにあって、周辺には小麦畑が延々と広がっていました。

七九年九月から翌年六月までの契約でしたが、早くも一二月には、来期の契約更新はないという通知が届きました。教授は、あと一年は何とかなるから心配ない、と励ましてくださいましたが、日本に職のあてのない私は気が気ではありませんでした。

そうしたときに、北海道大学でお世話になった先輩から「山形大学理学部地球科学科に来ないか」という夢のような手紙が届いたのです。まさしく「地獄に仏」と飛び上がったものの、それまで山形とは縁もゆかりもなかったので一瞬躊躇しました。そんな私に妻が一言。「日本語を喋って給料がもらえるなら何処でもいいじゃない」。たしかに、そのとおり。定職が見つかるまではと、ドイツ、アメリカを飛び回っていた身でありながら、山形に知り合いがいないことに躊躇する理由はない、と一喝されるのも当然でしょう。

行く先は決まりました。ワシントン州立大学との契約が切れる六月まで滞在して山形へ向かうつもりでいました。が、一九八〇年五月十八日の朝、西海岸にあるセントヘレンズ火山が大噴火したのです。そして午後四時ころ、風に流されてきた火山灰が町全体を覆い、太陽光は完全に遮られて漆黒の闇に包まれました。いつまでも闇が続くのかと思ったほどでしたが、翌朝は快晴。地面は十センチメートルほどの灰白色の火山灰で覆われて銀世界になっていました。コンピュータや精密機器、エアコンなどを火山灰の微粒子から守るために、校舎が閉鎖され、授業は中止されました。多くの学生が珪肺《けいはい》を恐れて、ワシントン州を離れました。

私たち家族は、そうした混乱が収まらないうちに大学を離れ、山形に足を踏み入れたのです。

結婚後は、京都、キール、プルマンと、ずっと借家住まいだったので、就職後早々に持ち家を構えて、子育てに励みました。子どもが小学校に上がると、夫婦でＰＴＡに関わって多くの同世代夫婦と知り合い、その縁でさまざまな分野の人々と親交を深めることができました。また、農家と知り合って農作業の一端に触れたことや、県の仕事に関わって地方行政の実態を垣間見ることができたことは貴重な経験でした。

物心がついてから初めて「世間づきあい」ができたという点で、山形での二十数年間は大人として成長するうえでとても貴重な期間でした。

山形大学の地球科学科は一九七八年に新設された学科です。七三年のオイルショックで資源の重要性が広く認識され、またプレートテクトニクス理論の登場もあって、七〇年代後半に幾つかの地方国立大学の理学部に地球科学関連の学科が新設されました。その最後が山形大学でした。私は時代にも助けられたと思っています。

学科の先生たちは全国各地の大学から集まっていたので、いわゆる学閥のようなものは存在せず、学科は自由な雰囲気に満ちていました。そして新学科の文化をどう育てるかを忌憚なく話し合い、特に最初の数年間は、授業や実習で試行錯誤を繰り返しました。新米教員だった私にはとても有益な学習体験でした。また、地球科学という総合的な学問を、基礎から応用までどのように体系立てて教えるかというカリキュラム編成に関する議論は、海洋地質学という狭い専門領域に閉じられていた私の目を大きく広げてくれました。野外実習で学生が発する素朴な質問も、自分の勉強不足を反省する良い材料になりました。

講座の教授から「資源科学」という新しい視点を習ったことは大きな転機でした。マンガン団塊を資源とみなすとどんな技術が関わってくるのかという問題意識から、資源と技術、技術と文明の関係に興味を持ち、「比較文明学会」に入会して科学史・技術史・文明論の独学を始めました。そして、約十年間の成果をまとめて、『地球について――環境危機・資源涸渇と人類の未来』（国際書院）という本を一九九〇年に出版しました。

これが縁で、翌年「科学と宗教の対話」をテーマに掲げた京都フォーラムという団体で講演の機会を与えられました。その後も年に数回、フォーラムに参加する機会を与えられて宗教界および人文系・理工系の第一人者から多くのことを学び、比較文明学の研究に活かすことができました。さらに「将来世代観点」という視点を得て、地球史・生命史の見方が大きく変わりました。これについては第二章を参照してください。

また、一九九一年から三年間、文部省重点領域研究「環境の変動と文明の盛衰――新たな文明のパラダイムを求めて」（研究代表者伊東俊太郎）の「海と文明班」に参画し、壱岐・対馬における野外調査を実施したり、研究例会を通じて人文系研究者と交流したりして、拙著『地球について』で打ち出した「文明の地質史観」という視点に自信をもつことができました。

九二年からは同重点領域研究「災害多発地帯における『災害文化』の研究」（研究代表者首藤伸夫）に三年間参画して、野外調査と合宿を通じて「災害文化」の実例を見聞しました。そして、生き物を育てる「土」の起源に注目し、災害がもたらす豊作や豊漁といった恵みという観点から、日本文明の特質を考えはじめました。土の役割については第一章で説明します。

自分が面白いと思ったテーマを自由に展開することができたという点で、最初に就いた職場が山形大学で本当に幸運だったと今でも思っています。次に述べる京都造形芸術大学（現京都芸術大学）の芳賀徹学長（当時）は、「浅く広く掘り始めないと、深く掘ることはできない」とよく仰っていました。山形での体験を振り返ってみて「確かにそのとおり」と心から同意しています。

年子の娘があいついで東京の大学に進学したのちは、夫婦二人で四季折々の新緑や紅葉、銀雪などを愛でながら温泉に浸かり、名物の蕎麦と日本酒を堪能しました。このまま定年まで勤めて山形で骨を埋めることになるだろうと思っていました。

ところがそこへ京都造形芸術大学の理事長から「教養教育を立て直してくれ」と声がかかったのです。当時は国立大学の教養部が解体されて、教養教育が弱体化していました。山形大学も例外ではなく、私も教養科目の一端を分担しましたが、教養教育の理念も全体像も明らかでなく、このままでは駄目だという危機感をもちました。それだけに、小さな大学なら教養教育を充実させることができるのではないかという希望を抱き、二〇〇二年四月に異動したのです。

『京都、オトナの修学旅行』（筑摩書房　著者　赤瀬川原平・山下裕二　二〇〇八）は、駆け足の修学旅行では味わえない寺社仏閣の奥深い魅力を語る本です。夫婦で暮らすようになってすぐ、私が三〇歳になるまでの京都暮らしは、私のなかの一部分を形成したには違いないのですが、まさしく修学旅行のようなものだったと気づかされました。二度目の京都暮らしで、大人にしかわからない京文化の奥深さが体験できたからです。

例えば学生時代には縁がなかった祇園や上七軒の料亭に夫婦でいって、料理だけでなく、床の間を飾る生け花や掛け軸、仲居さんの振舞いなど、京都人のおもてなしの心を知ることができました。また大学の教養科目「京都学」を三年間聴講して、京文化を支える職人の技と心意気に接し、寺社仏閣の建築や襖絵、掛け軸、仏像などを見る目も変わりました。それまで縁のなかった伝統美の世界が眼前に大きく広がったのです。そして、「美」という観点から地球史・生命史を見直して、人間の生命史的な役割を考えるようになりました。これについては、第三章で説明します。

定年退職の前年、妻が乳がんに罹りました。退職後、妻が京都医療センターで治療を受けることを考えて、それまで縁のなかった伏見と宇治の間にある一軒家を借りました。車で奈良に行くにも電車で京都市内に出るにも便利な所で、人出の少ない平日に寺社仏閣を訪ねたり、美術館や博物館を巡ったりしました。帰りには美味しい料理も楽しみました。振り返ると、この三年間は本当に夫婦水入らずの生活でした。

発病後四年間、病状はきわめて安定していましたが、二〇一三年の大晦日に病状が急変。正月三日に京都医療センターに入院しました。三週間ほどは会話を楽しむことができましたが、その後は意識も途切れがちになり、二月三日、娘二人に見守られて安らかに永眠しました。

家族葬を終えて、これからどこで何をして余生を過ごそうかと思案していた矢先、山形大学時代の若い同僚から「萩の至誠館大学で学長を探しているので推薦しておきました」という声が届きました。地元に山口大学が、近くに九州大学があるので、どうせ当て馬だろうと思っていたのですが、四月末に理事長と面会し、内定をもらいました。一二月中旬に萩に引っ越し、翌一五年一月から学長代行に、四月から学長に就任しました。

それまで組織のトップに立ったことがなかったので、教員からも事務員からも日々決断を迫られて、最初は戸惑うばかりでした。そして思い出したのが「経営とは理念だ」という京セラの稲盛和夫会長の言葉です。

最初にこの言葉に接したときは京都造形芸術大学で教養教育担当の中間管理職的な立場だったので、何を意味しているのかまったく理解できませんでした。しかし学長になって、まさしく「経営とは理念だ」と実感するようになったのです。

至誠館大学は何を目的とした大学なのか。どのような学生を、どのように育てるのか。そのために教職員はどうあるべきなのか。大学は地元とどう関わってゆけばよいのか。等々を真剣に考えざるをえなくなったからです。自分がどれほど成長できたかわかりませんが、「器が人をつくる」という言葉は本当だなと納得しました。

残念ながら、理事長とは最後まで教育理念を共有することができず、三年で学長を退くことになりました。しかし萩での生活は快適そのものでした。

山形も京都も内陸だったので、日本海に面した萩の景観はとても新鮮でした。家から歩いて数分のところに美しい菊ヶ浜があり、よく夕暮れどきに砂浜から指月山を眺めたものでした。沖合には溶岩台地がつくった平らな萩六島が浮かんでいて、最初に見たときにはなぜこのような地形ができるのかと頭をひねりました。至誠館大学は海辺の高台にあり、晴れた日に校舎から眺めた萩港の景色も素晴らしいものでした。

大家さんが萩焼の有名な作家で、その縁で何人もの陶芸家と知り合うことができて、工房を見学させてもらいました。町の人もよそ者の新米学長を心温かく受け入れてくれました。

借家の周辺には、毛利藩の武家屋敷がよく保存されていて、街並みには京都にはない「質実剛健」の気風が漂っていました。人口五万人ほどの小都市ながら、酒蔵が五つもあり、それぞれに個性的な酒造りをしています。地元の人が「萩沖（日本海）で獲れる魚は瀬戸内海産とは味が違う」と自慢するとおり、スーパーに並ぶ魚までもが新鮮でおいしく、日々の献立には悩みませんでした。また魚種の変化から季節の移り変わりを知るという経験も得がたいものでした。

二〇一八年六月に京都、伏見へと戻ってきた時、萩で四年近く過ごすことができて本当に良かったと思いました。妻と一緒に歩いた祇園の路地やよく通った料理屋をみると、つい楽しかったころを思い出してしまうからです。萩の四年間は、心の傷をいやす、いわば「転地療法」の時間だったのです。

幸いなことに、山形大学時代の教え子の厚意で、一年後に伏見のアパートから百万遍の借家に移ることができました。ここは私自身の学生時代の思い出しかないので、気楽に買い物したり飲み屋にでかけたりすることができます。数軒ある古本屋で古書漁りも楽しめます。

有難いことに、京都通信社という出版社の社長のご厚意で、週に数日、会社のパソコンを使って原稿を書いたり、若手編集者と議論したりしています。ほかの日は、山形大学時代の教え子が創業した㈱シードバンクという微細藻類の分離培養と応用研究を行うベンチャー企業の顧問として、会社に出向いて社長や社員の相談に乗っています。

こうした活動でできた新しい人脈を通じて、日ごとに京都の新たな一面を見出しています。

しかし、何度目かの京都暮らしを経験し、いくら京都通になったとはいえ、やはり京都出身とはいまだに言いづらい。

今後も「ご出身は」と聞かれるたびに、長い自己紹介を繰り返すことになりそうです。

目次

はじめに

一九九〇年代、まだ水俣病が昨日のことのように記憶されていたころ、NHKの番組で、水俣病の原因を追究した原田正純医師が経済学者の宇沢弘文氏と現地対談をしていました。胎児性水俣病患者の写真を前にして、原田氏が語りました。「患者の母親が〝この子が私の身体から水銀を取りだして助けてくれたのだ〟と語ったとき、チッソ株式会社擁護派の医学者たちは〝なんと非科学的な、胎盤に毒物が侵入するはずがない〟とあざ笑いました。しかし私たちが研究を進めていくと、まさしく母親の直感の方が正しかった。メチル水銀が胎盤を通じて胎児に取り込まれていたのです」と。

一方、宇沢氏は、水銀で汚染された水俣湾の埋め立て地に立って、述懐していました。「当時一流といわれていた経済学者たちが〝水俣の人たちは誰に強制されたわけでもないのに水俣に住み、自分の意思で水俣の魚を食べた。だから責任は患者たちにあるのだ〟と元凶であるチッソ株式会社を免罪しようとするのを聞いて、経済学とはいったい何だろう、と深く疑問を抱くきっかけになった」と。

二人に糾弾された浅薄な御用学者たちの発想の源泉を遡ってゆくと、近代西欧の機械論的・原子論的自然観と人間中心主義な人間観に行き当たります。

一七世紀の西欧で成立した西欧科学は、自然は単純な歯車が組み合わさってできた機械時計のようなものであるという思想に基づいた、近代西欧に固有の自然理解です。その特徴は、室内実験と法則の数式化という「科学的方法」です。例えば物理学の祖ガリレオが、一定の長さの斜面に球を何度も転がして到達時間を計り、物体の落下速度はその重さとは無関係という「落体の法則」を発見し、速度が時間に比例するという関係を数式で表しました。このように、実験室で人為的に制御した環境下で物質の運動や状態の変化を調べて、その関係を数式で表すことが西欧科学の特徴です。

しかし、この手法は、例えば月の形成や生物の進化といった実験できない現象、あるいは水銀の毒性を調べるための人体実験のような、技術的には可能でも倫理的に許されない問題には適用できません。また、同じサイズの絵なのに、あるいは同じ重さの彫刻なのに、一方は美術館に買い取られ他方は値もつかないというような「質」を問題にする分野にも適用できません。ちなみに、地質学は地球と生き物の共進化といったような、数値で表すことができない質的な特徴を明らかにする学問です。

西欧科学にそうした限界はあるものの、科学的方法によって、物質の物理的・化学的性質、つまり物性が次々と見出されました。そして、例えば、電流とコイルと磁石の関係が発見されて発電機やモーター、無線通信機などが発明されたように、発見された物性を利用した技術が次々に開発されて、理性をもつ人間は自然を征服し思うままに利用できる、という考え方が確立しました。「エベレスト征服」や「宇宙征服」という言葉は、その象徴です。この人間中心主義によって、人間は地球と切り離されました。万物の霊長である人間にとって、役立つ動植物は高等で、役立たないものは下等だという思いあがりから、生き物とのつながりも消えました。

人間中心主義は個人という存在を絶対化しました。個人が幸福を追求する自由はだれにも奪えない権利であり、努力した者がより多くの果実を得るのは当然だとする意識が、自分と他人とを切り離します。結婚も夫婦間の合意にのみ基づいて行われるものだとして、大家族が解体されて核家族化が進みます。そして家族内においても、たとえ我が妻や夫、あるいは我が子であっても、自分とは別人格であり、それぞれが個別に人生を歩むのだ、といって家族間の絆が弱まります。

そうした近代西欧の考え方に囚われると、「人間は生きているうちが花」「死んだら終わり」という思想に陥りやすくなり、人間と未来、すなわち将来世代とのつながりも見失うことになります。これらは偏った自然理解であり、偏った人間理解です。ともに実態と大きくかけ離れています。だからこそ、現在の危機がうみだされたわけです。

本論では、現代人が見失った三つのつながりについて、三章にわけて説明します。それぞれ、地球とのつながり、生き物とのつながり、そして未来とのつながりです。

第一章では地球とのつながりを話しますが、その前に解いておきたい誤解がありま す。それは、物理学に代表される西欧科学は、哲学や宗教などと違って、もっとも真理に近い知識をもたらすものだ、という日本社会に広く流布している誤解です。

政治家や官僚は、そうした誤解を逆手にとって、例えば、科学的手法が適用できない水俣病の水銀中毒説に対して、「まだ科学的には証明されていない」とか「科学的な結論を待ちたい」などといって問題を先送りし、責任逃れを試みるわけです。

いわゆる科学的な説明は決して真理とはいえません。科学的手法が適用できる現象に関する、現時点ではもっとも合理的だと思われる解釈なのです。しかも、それは研究者が生まれ育ち、学び暮らしてきた文化と時代を反映しているのです。

その説明にふさわしい有名なジョークがあります。ある製靴会社のセールスマンが販路拡大のために南の島に派遣されました。島に着くと住民全員が裸足で歩いていました。そこで、セールスマンはすぐさま本社に報告しました。「見込みなしです。誰も靴を履いていません。これからも履かないでしょう」と。次に、別の会社のセールスマンが島に来ると、早速報告しました。「有望です。これから全員が靴を履くでしょう」と。最初のセールスマンは現状を固定的に捉えたのに対して、後のセールスマンは、現状は変更可能だと考えたのです。すなわち考え方が違えば、つまり悲観論に立つのか楽観論に立つのかによって、観察事実は同一でも解釈は異なるのです。

映画『ジュラシック・パーク』（一九九三年　監督スティーヴン・スピルバーグ）とその続編で、恐竜の姿が生き生きと描かれていました。一九八〇年にアルバレッズ父子（息子：ウォーター・アルバレッズ／父：ルイス・アルバレッズ）が提唱した「隕石衝突説」をきっかけに、世界各地で目覚ましく進展した恐竜学の成果を大胆に取り込んだからです。それ以前の恐竜化石の発見は、大多数が化石マニアか化石ハンターの手による偶然の産物でした。そのため体系的な研究は進まず、剣竜類のステゴサウルスは体に比べて脳が非常に小さいので知能が低くてのろまだったはずだとか、アパトサウルスのような竜脚類の脚では何十トンもの巨体は支えきれないので、浮力が働く水中を歩いていたはずだ、といった説が真面目に唱えられていました。

　白亜紀末（六六〇〇万年前）の突然の絶滅に関しても手掛かりが少なく、八〇以上の原因説が唱えられたといわれています。中生代の三畳紀後期（約二億三〇〇〇年前）に出現した恐竜は、白亜紀前期（一億四〇〇〇万年前から一億年前）にもっとも繁栄したものの、後期になると衰退し始めました。化石の種類と数がだんだん減っていくのです。そして、白亜紀末でいっせいに姿を消したのです。

　同時代の地層に残された花粉を調べると、一億年前から、草食恐竜の餌だったシダ植物と裸子植物が、花を咲かせる被子植物と入れ替わっています。そこから、草食恐竜が花を食べて食中毒で滅んだという説が出ました。花は毒を含むことが多いからです。また被子植物は、シダ植物や裸子植物と比べて消化しにくいので、草食恐竜が糞詰まりになったのだという説も出ました。

　もっと興味深いのはドイツの古生物学者が唱えた「恐竜ノイローゼ説」です。根拠は、七〇〇〇万年前から恐竜の卵の殻がだんだん薄くなり、孵化しない卵や奇形の幼獣が増えているという事実です。これを踏まえて、恐竜が増えすぎたために、常に競争相手に囲まれることになった雄がノイローゼになり、雌が不妊症になったことで衰退した、と説明したわけです。人口が増えると競争が激化するという、いかにもヨーロッパ人らしい発想です。実際ドイツ人の多くは、休暇中は人影のない森のなかや湖畔で家族と共に過ごすのだと、キール大学の同僚から聞きました。

日本人は違います。少々まわりに人が増えても平気です。休日には喜び勇んで子連れで繁華街に繰り出し、人混みにもまれて生の充実感を味わっています。私たちには、「恐竜ノイローゼ説」は思いもよらない発想です。事実に基づく科学的な仮説にも、研究者が生まれ育った社会の文化が色濃く反映しているのです。

西欧科学の文化的背景は古代ギリシャ哲学とユダヤ・キリスト教です。中国科学の場合は「陰陽論」や「五行説」であり、日本科学の場合は「無常観」です。そして、それぞれに有効な面があるのです。例えば人体を臓器という部品の集まりだと捉える西洋医学は、傷んだ臓器を取り換えれば病気は治るという発想の下で、外科手術を高度に発達させせました。一方、宇宙と人体をつなぐ気の乱れが病気をもたらすのだと考える東洋医学は、針灸や漢方薬を用いて内科治療に効果をあげています。しかし扱う人体は同じであることを考えれば、西洋医学と東洋医学はともに、まだ十分には人間を理解していない、といえるのです。ちなみに日本では、科学的研究といえば、実証主義に囚われすぎて、真偽のほどが定かでない仮説を立てるよりは、精確な実験データを積み重ねて定説を強化することのほうが意義深いと考える人が多いのが現状です。しかし、仮説の価値は、正しかったか正しくなかったかで決まるわけではありません。いかに多くの研究を前進・拡大させたかで評価されるのです。

最近の代表例は先に述べた「隕石衝突説」です。地球科学界のみならず、天文学界にも大きな影響を与えました。なぜならば、近代地質学は、恐竜の絶滅は旧約聖書に書かれた「ノアの箱舟」で知られる大洪水のような天変地異で生じたものではなく、現在観察できるような地質現象が何百万年か続いた結果生じたものだとする「斉一説」を前提にしていたからです。

アルバレッズ父子はイタリアで、中生代と新生代の石灰岩に挟まれた厚さ数センチの境界粘土層がどの程度の年数をかけて堆積したものかを調べるために化学分析をおこない、高濃度のイリジウムを検出しました。この重い元素は地殻の岩石にはほとんど含まれていないことから、供給源は巨大な隕石だと推測し、その衝撃で恐竜が絶滅したという仮説を提唱しました。

賛成派は衝突の証拠を求めて地質調査を行い、ユカタン半島の地下に巨大クレーターを発見しました。隕石衝突で生じた粉塵が堆積してできたと考えられる粘土層が世界各地に分布することを確認し、そこからイリジウムなどに加えて、衝撃で結晶構造が変化した石英（衝撃石英）や高熱で生じた世界的な山火事に由来する煤を発見しました。メキシコ湾沿岸では巨大津波で生じた堆積物が発見されました。天文学者は、天変地異説を取り入れて、太陽系の惑星の成因や隕石の軌道などと地質学的事件との関りについての研究を進めました。反対派は白亜紀末の火山活動を詳しく調べました。巨大噴火がマントルからイリジウムを持ち上げたり、衝撃石英や山火事をもたらしたりする可能性を示すためです。古生物学者は中生代白亜紀末から新生代古第三紀初期にかけての、恐竜を含めた生態系の変化を詳しく調べました。その結果、仮説発表後の十年で、斉一説と天変地異説はともに見直され、それまでの百年間分の研究成果がでたといわれるほどに地球科学的な知識が蓄積しました。

現在、隕石衝突はほぼ間違いない事実として受け入れられています。しかし恐竜絶滅の唯一の原因であったかどうかについてはまだ論争が続いています。例えばもし恐竜が一瞬にして絶滅したのなら、どこかに恐竜の墓場といえるような化石密集地があるはずなのに未発見だからです。また隕石衝突で生じた粉塵で太陽光が遮断されて地表は激しく寒冷化して、小型の爬虫類や鳥類および哺乳類などを除いた大型動物は絶滅したと推測されています。しかし南極から白亜紀末の恐竜化石が発見されて、寒冷な環境下でも生育できた恐竜がいたのではないかという反論がでています。

こうした疑問を解くために、今後も恐竜の研究は精力的に進められるでしょう。ところで最近、理系分野で学ぶ女性のことを「リケ女」といい、女性の理系分野進出が増えている印象ですが、一方で、子どもの理科離れが進んでいます。原因はさまざまでしょうが、その一つは子どもが理科の授業で「仮説」を立てる面白さを味わっていないからだと私は考えています。例えば「音楽」の授業で楽譜や歌詞を暗記するだけで、歌ったり演奏したりしなければどうでしょう。誰も音楽好きにならないでしょう。理科（特に地学）で歌唱や演奏に相当するのが野外調査です。つまり、現場にて現物を見て現状を知り、そこからさまざまな疑問を見出す作業です。しかし、小・中学校の先生たちによると、野外に連れだす時間が取れないことと、野外で生徒が発する素朴な疑問や突拍子もない質問に答える自信がないことから、野外調査は敬遠したいとのことです。

長年地質を調べてきた私でも地層が露出した崖、露頭の前に立つと、手持ちの知識だけでは説明できない不思議に出会います。そして、ああでもない、こうでもないと考えた末に、こうではなかろうかという「仮説」を立てます。ましてや、野外体験が少なく知識も限られている子どもたちなら、どこで何を見てもたくさんの不思議を発見するはずです。そして自分なりの仮説をいくつも思いつくことでしょう。それを「そんな思いつきは駄目だ」と先生や親が頭ごなしに否定すれば子どもの心は冷え切ってしまいます。逆に「そうかもしれないね。図鑑や参考書で調べてごらん」と応じれば、子どもは図書館に直行して、本棚を探し回ったりパソコンで検索したりするはずです。さらに「大学で勉強して、答えが分かったら教えてね」といわれれば、喜び勇んで目標に向かって努力することでしょう。そうした体験を積み重ねることで、いわゆる「科学する心」が育まれるのだと私は信じています。

すこし話がそれました。第一章で地球とのつながりについて話を進める前に明確にしておきたかったのは、繰り返しになりますが、現状の科学的な説明、つまり西欧科学的解釈は必ずしも真理ではないということです。さらに言えば、真理は素朴な疑問を追求する道の彼方にある、ということです。そして、その追求する姿勢こそが科学するということです。

CHAPTER 1

地球とのつながり

いま地球外生命の存在を確かめるために、太陽系外惑星の探査が行われ、恒星からの距離も天体のサイズも地球と似た惑星が発見されています。また、日米で小惑星の探査が行われ、生命の発生に必要な水やアミノ酸の存在が確認されています。しかし、太陽系第三惑星・地球以外にはまだ、人間をはじめ多くの生き物を育む星は見つかっていません。

この「奇跡の星」地球は、大気圏と水圏に包まれた単なる岩石のかたまりではありません。命を育むためになくてはならない特徴がいくつもあるのです。

まず、そのあたりから話をすすめてゆきましょう。

地球を特徴づけるものは、大気圏（天）・岩石圏（地）・水圏（水）を巡る地球物質の絶えまない循環です。この循環が、地表では大気と水と土（土壌）を浄化し、気候を安定に保ち、生命圏を維持しています。そして、地下では各種の資源を形成しています。

生命圏の一員である人間は地球を離れて生きることはできません。

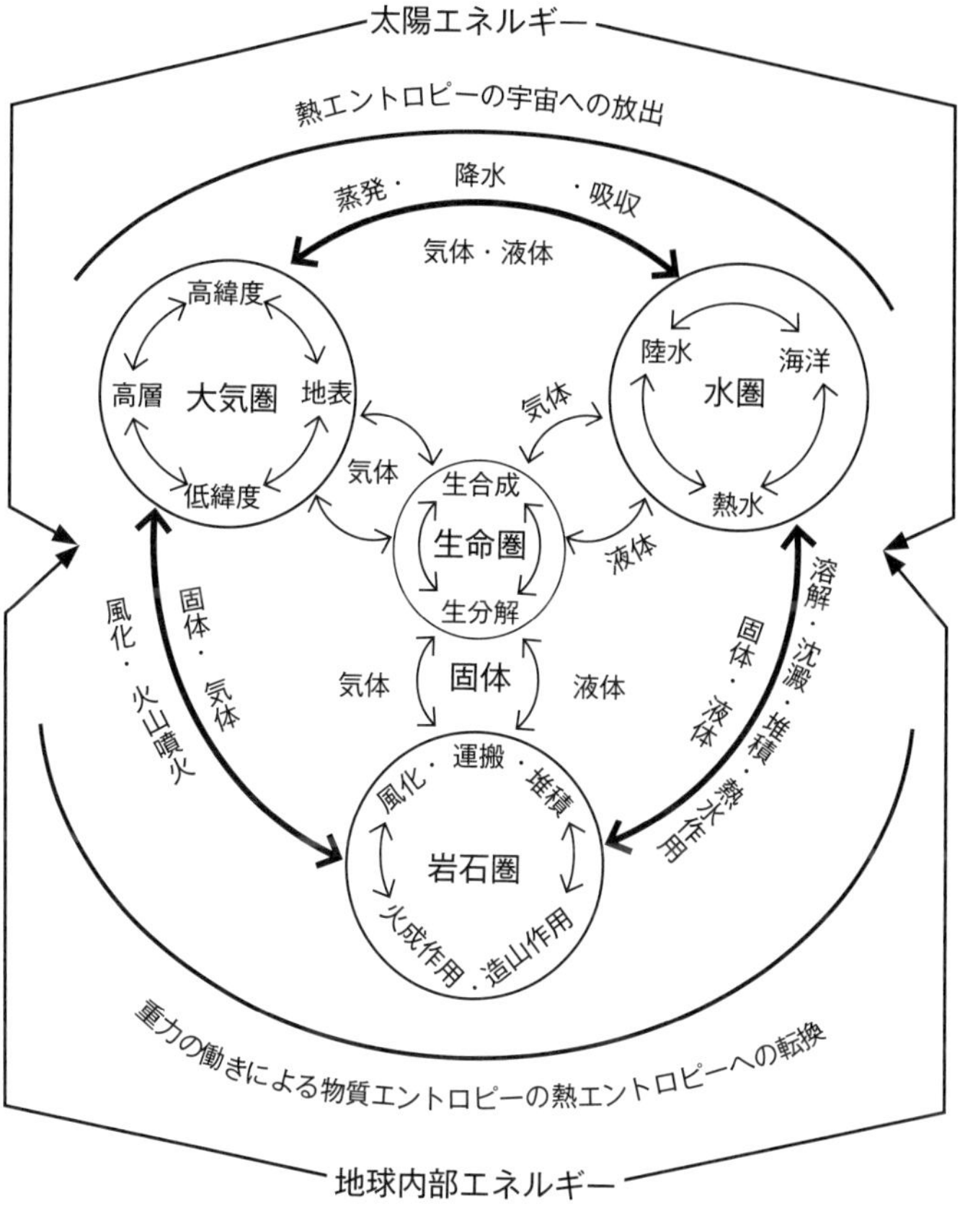

地球を特徴づける絶え間ない循環

地球のさまざまな物質は循環をしています。こうした循環が地表では大気と水と土を浄化し、気候を安定させています。また地下ではさまざまな資源を形成しています。

植物の成長に必要な 17 種類の必須元素

必須元素というのは生育になくてはならない元素のことです。植物が必要とする量から多量元素と微量元素に分かれます。

■必須多量元素（9 種類）

炭素（C）、水素（H）、酸素（O）：大気中の二酸化炭素、水から供給されます。

窒素（N）、リン（P）、カリウム（K）：三大栄養素と呼ばれる元素です。植物がもっとも多く必要とします。

カルシウム（Ca）、マグネシウム（Mg）、硫黄（S）：二次要素とも呼ばれる元素で、三大栄養素について要求度の高い元素です。

■必須微量元素（8 種類）

鉄（Fe）、マンガン（Mn）、ホウ素（B）、亜鉛（Zn）、モリブデン（Mo）、銅（Cu）、塩素（Cl）、ニッケル（Ni）必要量は少ないのですが、生育には不可欠な元素です。

生き物を育てる土

一般に、植物は水と空気（二酸化炭素）と日光でデンプンを光合成して、それを原材料にしてタンパク質や脂質などを合成して成長すると考えられています。しかし、実際に植物が育つためには光合成によってつくられるデンプンだけでは足らず、ほかに一七種類の元素（いわゆるミネラル）が必要です。例えば窒素、リン、カリウムは植物の三大栄養素です。光合成をになう葉緑素にはマグネシウムが、葉を支える硬い枝や幹にはカルシウムが必須です。動物が成長するにはさらに一一種類（一二種類の主要元素と一六種類の微量元素、合計二八種類）の元

動物の成長に必要な28種類の必須元素

動物の成長、生命維持に欠かすことのできない必須元素は、12種類の必須多量元素と16種類の必須微量元素の合計28種類です。

■必須多量元素（12種類）

水素（H）、炭素（C）、窒素（N）、酸素（O）、ナトリウム（Na）、マグネシウム（Mg）、リン（P）、硫黄（S）、塩素（Cl）、カリウム（K）、カルシウム（Ca）、鉄（Fe）

■必須微量元素（16種類）

ホウ素（B）、フッ素（F）、アルミニウム（Al）、バナジウム（V）、クロム（Cr）、マンガン（Mn）、コバルト（Co）、ニッケル（Ni）、銅（Cu）、亜鉛（Zn）、ヒ素（As）、セレン（Se）、臭素（Br）、モリブデン（Mo）、ヨウ素（I）、ケイ素（Si）

素が必要です。例えば「青菜に塩」というように、多くの植物にとってナトリウムは不要です。しかし、動物には必須です。汗をかいた後に水だけ飲んでも疲れが取れないのは、そのためです。

最近、味覚障害でおいしく食事が摂れないという人が多いそうです。主な原因は亜鉛不足です。味は舌の後方にある味蕾という細胞の集合体で感じます。味蕾は短いサイクルで新陳代謝を繰り返して新しい細胞に生まれ変わるのですが、そのときに必要なのが亜鉛です。亜鉛が不足すると、味蕾の新陳代謝が促されず、味を感じる機能が衰えることになります。

亜鉛は体のなかで生成されないので、食事から摂取しなくてはなりません。ですが、食事が偏っていたり三度三度の食事をきちんと食べなかったり、パンや麺類の軽食で済ませてしまったりで、亜鉛の摂取量が足りていない人が少なくありません。また投薬が原因で亜鉛不足になる人もいます。例えば降圧剤や利尿剤などを飲んでいると亜鉛の排出が促されるため、亜鉛不足になりがちです。

効果的な改善策は、三度の食事を、ご飯を主食に魚と野菜をおかずにした和食に切り替えることです。お米にはパンや麺類よりも多くの亜鉛が含まれているからです。

人間が健康な体を維持できるのは、二八種類の元素がそれぞれに必要なところで働いているからなのです。ところで、水と空気には、水素、炭素、窒素、酸素という四種類の元素しか含まれていません。残りの一三元素および一一元素はどこからくるのでしょうか。それは田んぼや畑の土からです。

土の主成分は砂利と泥で、どちらも岩石風化の賜物です。山で鉱物の集合体である岩石が風雨に晒されると、砕けて砂利（岩片と鉱物粒子）になり、そのなかの砂（主に鉱物粒子）が分解・変質して泥になります。その時、鉱物に含まれていた元素が水に溶けでます。鉱物とは一定の化学組成を持った天然の結晶です。

このように、岩石の風化なくしては、植物は育たないし、動物も繁殖できないのです。その証拠に、水が養分を供給しているといわれている水田でも、定期的に新しい土を加えなければ収量が年々減少します。これを客土といいます。

災害がもたらす恵み

「エジプトはナイルの賜物」とは古代ギリシャの歴史家ヘロドトスの言葉です。ナイル川の定期的な氾濫が下流域の農地に泥（土）を運び込んで豊かな実りをもたらしていたからです。しかし、一九〇二年に完成したアスワンダムおよび一九七〇年に完成したアスワン・ハイ・ダムが上流から流れてくる土砂をせき止めたために、下流の農地に泥が供給されなくなり、化学肥料をつかわないと農作物が育たなくなりました。

火山周辺の土地も、火山灰が降ったり火砕流や火山泥流が流れ込んだりしてくるので、土が肥えています。特に日本列島では、洪水、地すべり、火山噴火などが多発するので、基本的に生産力が高いといえます。それを証拠立てているのが全国に一万か所以上もある後期旧石器時代の遺跡です。

火山活動が活発なインドネシアのジャワ島、フィリピンのルソン島やミンダナオ島あるいは東アフリカ大地溝帯の中に位置するケニア南西部、ウガンダ、ブルンジ、コンゴ（旧ザイール）東部などにも、昔から大勢の人が住みついていました。

『西遊記』でおなじみの孫悟空は岩の中から生まれたと語られています。たしかに岩のなかには、将来、生き物をつくる元素が詰まっています。そして水と空気が岩のなかから元素を引き出して、生き物に渡してくれるのです。まさしく生き物は、天・地・水の循環の申し子だといえるでしょう。

アマゾンを育てるサハラ砂漠

一方、山から遠く離れた土地や火山が近くにない土地は、土砂がほとんど流れてこないので生産力は低いということになります。しかし、アンデス山脈から遥かに遠いアマゾンには緑したたる熱帯雨林が広がっています。ここで製紙用の針葉樹を植林すれば儲かるだろうと考えたアメリカの富豪が、一九六〇年代末に熱帯雨林を大規模に伐採しました。しかし伐採後に残された表土は予想以上に薄くて貧弱で、豪雨（スコー

ハルマッタン

サハラ砂漠から南のギニア湾岸地方に向けて吹く風です。きわめて乾燥した風で、風塵をともない、11 月から４月ごろまで吹き込みます。乾燥した風は湿気を奪うため、この地域に乾季をもたらします。ハルマッタンが運ぶきわめて細かな砂塵は視界をかすませ、太陽がぼやけると表現されるほどですが、雨季の間に流出する土壌を回復させる役目も果たしています。

ル）で流失してしまい、不毛な赤土だけが残りました。大富豪の思惑は「取らぬ狸の皮算用」に終わりました。やはりアマゾンには十分な土砂が供給されていないのです。にもかかわらず、なぜアマゾンに熱帯雨林があるのかという謎は、一九九〇年に解きあかされました。サハラ砂漠では、砂嵐を引き起こすハルマッタンが年間一億二〇〇〇万トンもの砂塵を巻き上げていて、その一部が大西洋を越えてアマゾンに達し、年間〇・四ヘクタール当たり約四五〇グラムの割合で熱帯雨林に降り注いでいることが、人工衛星の観察で発見されたのです。人間が不毛の地と呼ぶサハラ砂漠は、アマゾンを養う慈母だったのです。人間の都合だけで自然の価値を推し量ってはいけないわけです。

海のプランクトンを育てる土

水中で漂っている生き物をプランクトンといい、多くは一ミリ以下の単細胞生物です。光合成するものは植物プランクトン、ほかのプランクトンを餌にするものは動物プランクトンです。海に住む植物プランクトンには一七種類の元素が、動物プランクトンには二八種類の元素が必要です。海水にはすべての元素が溶け込んでいますが、プランクトンを養うには一部の元素、とりわけ鉄が不足しています。

それを証明したのが日本の農林水産省水産庁が二〇〇一年七月におこなった現地実験です。北大西洋の真ん中の海域で、八〇平方キロの水域に二五メートルプールの水に耳かき一杯の割合で鉄粉をまいたところ、三日後に植物プランクトンの一種、珪藻が湧いてでてきたのです。

人工衛星から海を見ると、プランクトンは大陸の周辺部に集中しています。外洋には、水と二酸化炭素と日光が無尽蔵にあるにもかかわらず、プランクトンはいません。陸から遠いので土が流れ込んでこないからです。それを裏付けるように、大西洋の漁場と産卵場は、サハラ砂漠の砂塵が飛ばされる道筋に沿って並んでいることが一九九二年に発見されました。その後、ＮＡＳＡの地球観測衛星の観測データを基にした画像に大西洋上を渡っていく褐色の砂塵が確認されたことによって、米国東岸の赤潮もサハラ砂漠の砂塵が原因のひとつであると考えられています。

日本海と太平洋の沖合でも、中国大陸から黄砂が飛んでくる春先にプランクトンが大繁殖することが一九七〇年代に確かめられました。環境省が提供しているデータ「平成二七年度黄砂飛来状況調査報告書」によると、日本全国の各地点で黄砂が観測され、年間に二〇〇万トンもの黄砂が飛来し、九州や中国地方に厚く降り積もっていることが明らかになっています。海の生き物といえども陸がなければ生きていけないのです。

山をつくる力

ヒマラヤ山脈の最高峰エベレストの山頂から二億年以上も昔のウミユリやアンモナイトの化石が出てきます。かつての海底が一万メートルちかくも持ち上げられたことの証です。約五〇〇〇万年前、プレートに乗って北上してきたインド亜大陸がユーラシア大陸に衝突して、両大陸に挟まれた海の底に分厚くたまっていた土砂を、両側から押し上げたからです。アルプス山脈やアパラチア山脈なども大陸衝突の産物です。プレートは、地殻とマントル最上部とからなる厚さ約百キロメートルの硬い岩板です。地表は十数枚のプレートで覆われています。大陸を乗せたプレートを大陸プレート、海洋底を形成するプレートを海洋プレートといいます。そうしたプレートは中央海嶺という海底山脈の中軸部でマントルから湧き上がってくるマグマによって形成され、水平方向に移動します。海洋プレートの先端が大陸プレートと出会うと、海洋プレートはマントル内部に沈み込み、海溝という細長い溝状の海底地形をつくります。プレートがすれ違う境界では中央海嶺を切断する断裂帯という海底地形が生じます。

海洋プレートが大陸プレートの下に沈み込むとき、大陸プレートの先端は海洋プレートに引きずられます。そしてある限界を超えると、元に戻ろうと跳ね上がります。このときに海溝型と呼ばれる巨大な地震と津波が生じます。海洋プレートに押されて大陸地殻に溜まるひずみで岩盤が割れると、内陸型と呼ばれる地震が生じます。規模（マグニチュード）は海溝型よりも小さいものの、震源が浅いので地表は大きく揺れることがあります。これが直下型地震といわれるものです。

マントル内部に沈み込んだプレートは熱せられて、部分的に融けてマグマという液体を生じます。こうして生じたマグマが地表に噴出すると火山ができます。東北地方にある鳥海山や安達太良山などは、日本列島の下に沈み込んだ太平洋プレートが融けてできたマグマが噴出したものです。

このように、山をつくって岩石を循環させているのはプレート運動で、その原動力は地球内部エネルギーです。すなわち地球形成時の隕石衝突で発生した熱と地殻の岩石に含まれている放射性元素の壊変で生じた熱であり、どちらもまだ十分に残っています。大気と水を循環させている太陽エネルギーも同様です。したがって少なくとも今後五億年は、天‐地‐水の循環は続きます。当然、生命圏も存続します。

「このままでは地球が壊れる」と心配する人がいますが、それは大いなる誤解です。地球は五十億年後の太陽消滅まで存続します。「私たちの手で地球を守ろう」と叫ぶ人々の気持ちは分かります。しかし、私たちが守れるのは地球ではなく私たちの将来世代なのです。

陸を削る力

雄大なグランドキャニオンは、約二〇〇〇万年前に隆起し始めたコロラド台地を、コロラド川が侵食してつくった地形です。その大部分が、過去二六〇〇万年間でつくりだされたものだと聞けば、誰しも川の侵食力に驚くことでしょう。

現在、平均高度が八四〇メートルの陸地は、千年で四センチの割合で削られていますす。単純計算ではおよそ二一〇〇万年後に大陸は、まっ平らな海抜ゼロメートル地帯になってしまいます。実際には、水より軽い氷が水面上に顔を出すように、軽い岩石でできた陸地は、重い岩石でできたマントルに浮いた状態にあります。厚さ一〇センチの氷板が溶けて一センチになっても、まだ水面上に一ミリ顔を出すように、陸地が海抜ゼロメートルになるには一億年ほどかかります。陸地が平坦になれば、いくら雨が降ろうとも水は流れず、土砂の動きは止まります。必須元素の供給が途絶えれば、陸上の生き物は繁殖できません。下手をすれば、植生は苔や藻だけになるかも知れません。当然、海の生き物も衰えて、生息域は沿岸に限られるようになるかもしれません。ところが化石の証拠によれば、そのようなことが起こったことはありません。陸上植物の出現はおよそ四億二〇〇〇万年前のシルル紀末のことです。それ以降、原始的なシダ植物は進化して巨木となって森林をつくり、そしてスギやイチョウのような裸子植物へ、さらにはサクラやウメのような花を咲かせて実をつける被子植物へと進化しました。この間、大陸の衝突で巨大山脈が形成されたり、海洋プレートの沈み込みで火山が噴火したりして、陸地から山が消えることがなく、土の供給が途絶えなかったからです。こうした陸上植物の進化・繁栄と歩調を合わせるように、陸上動物も原始的な両生類から爬虫類、恐竜、鳥類、哺乳類へと大発展を遂げました。生息域も、水辺から内陸部へ、低地から高地へ、低緯度地域から高緯度地域へと広がりました。

人間は宇宙に移住できるか

地球以外の星、惑星を地球のように人間が住める環境に変えるという壮大な計画（テラフォーミング）があります。例えば、火星の極にある氷を溶かして、大気中に水蒸気と二酸化炭素を増やせば、温室効果が高まり、気温が温かく保てるようになると予測できます。

一九六五年に米国が火星探査機マリナー四号を打上げて以来、旧ソ連、中国、日本も探査機を打上げてきました。最近米国が探査機パーシビアランスを打上げ、火星の過去の環境を探ったり、過去に生命が存在していた痕跡を探ったりしています。これらは、火星を舞台にしたテラフォーミングの一環だといわれています。

火星を人間が住めるような環境にするのに、どのような手法を使うのか分かりません。でも、もしも火星を温めて極や地下にある氷を溶かして陸と海をつくり、大気と水の循環をつくりだせたとしたらどうなるでしょう。最初は陸から海へと土砂が運ばれて、地球型の生態系が繁栄するでしょう。しかし数千万年後、陸地は平坦化して、遠浅の海に囲まれた低湿地になります。火星はすでに冷え固まっていて、もはや山をつくりだす力のない「死んだ星」だからです。そうなれば、いくら天と水の循環が続いても、土の供給が途絶えて、生き物の進化発展は止まります。同じ理由で、宇宙空間に人工的な地球をつくろうとするスペースコロニー計画も実現不可能です。月面基地にも意味はありません。生き物は、山を作りだす力のある「生きている星」地球でしか生きていけないのです。その地球では天・地・水の循環が生命圏を支えています。私たちが子孫の安寧を願うのならば、大地も水も空気もきれいに保たなくてはならないのです。にもかかわらず、実際には山あいに有害な産業廃棄物を捨て、川に平気でゴミをたれ流し、煙突から有毒ガスを吐き出しています。

私たちは、ゴミ問題で地球を壊しているわけではありません。まだ見ぬ将来世代の首を真綿で絞めているのです。

濃集作用による大気の浄化

生き物は養分さえあれば育つものではありません。清浄な空気や水など良好な環境が不可欠です。その環境を浄化しているのが物質循環です。しかし、循環といっても、単に物質がくるくる回っているだけではありません。循環経路には、「濃集」と「拡散」という、相反する二つの作用が対になって組み込まれているのです。

水の循環を例にして説明しましょう。地表の水は太陽光を吸収して水蒸気になり、大気中に拡散します。水を蒸発させる熱が気化熱です。水蒸気が上空に高く上がると、冷やされて凝結（濃集）して氷晶をつくり、氷晶が集まって雲をつくります。

こうした変化を熱の移動に視点を置いてみてみると、水が蒸発するときに太陽から吸収した気化熱は、水蒸気が氷晶になるときに凝固熱として宇宙に放出されます。そ

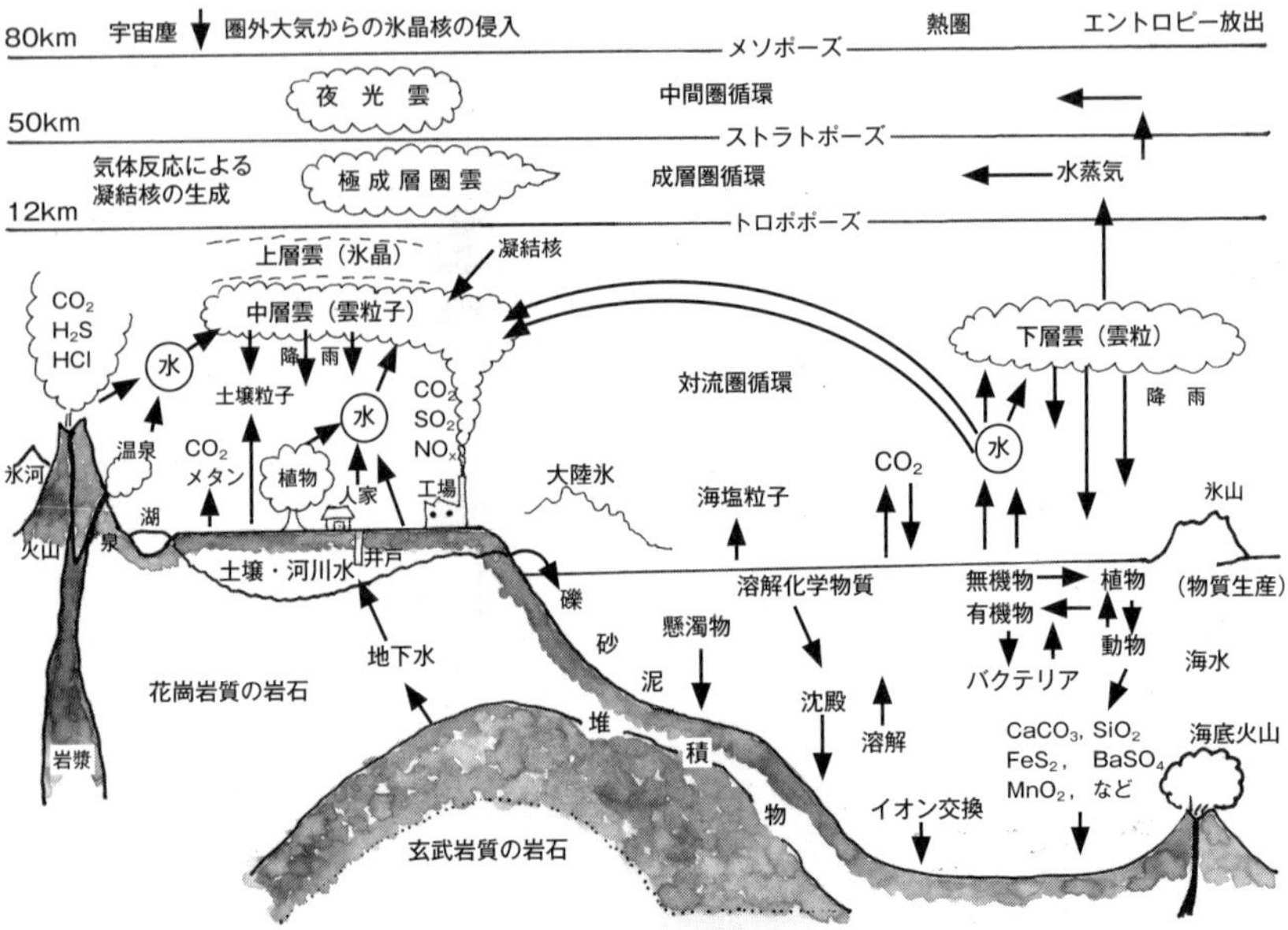

地表における水の循環

のおかげで、太陽熱が地球にたまり続けることがなく、気候が安定しているのです。

雲から降る雨滴は、途中で火山噴火や砂嵐で大気中に拡散した火山ガスや砂塵を濃集します。春先に中国大陸から黄砂が飛んできたときに雨が降ると、車のボンネットや屋根はまだら模様に汚れますが、空にかかっていた霞は消えます。粉塵が雨滴表面に吸着して濃集するので、大気が浄化されるのです。

酸性雨が降るのは車や工場が大気中に排出した窒素酸化物（ＮＯｘ）や硫黄酸化物（ＳＯｘ）が雨滴に溶け込んで濃集するからです。酸性雨が降るということ

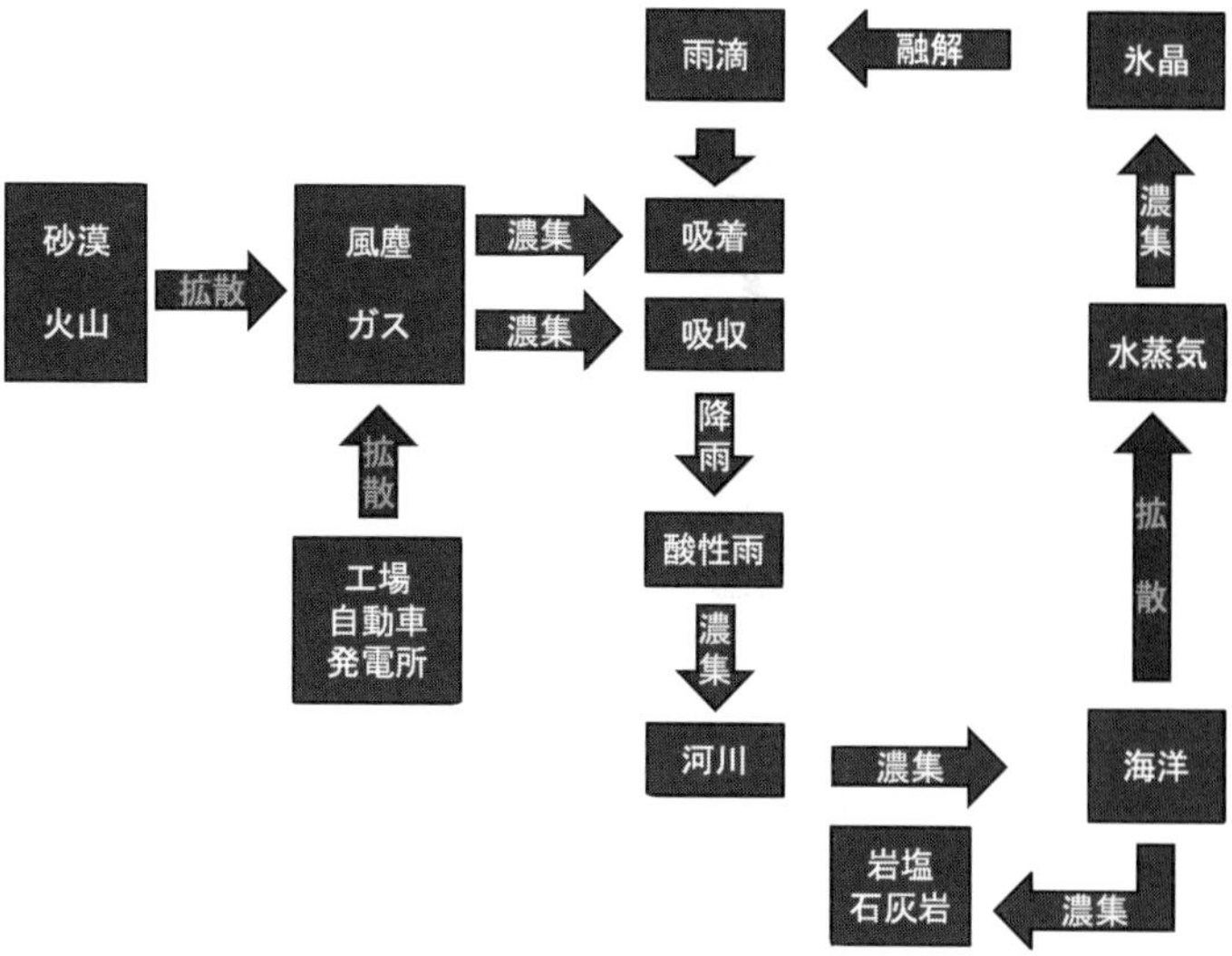

水の循環経路で働く濃集・拡散作用

は、まだ大気が浄化されているという証拠なのです。

ではなぜ、酸性雨が降っている最中にもフロンガスは成層圏に入り込んでオゾン層を破壊したのでしょうか。一九二〇年代に開発されたフロンガスはフッ素や塩素などを多く含む有機化合物です。化学的に安定で燃えにくく、人には無害であることから、当初は「夢の化合物」と呼ばれていました。そして冷蔵庫やエアコンの冷媒、半導体の洗浄剤、発泡剤として戦後急速に使用が拡大しました。ところがフロンガスは水に溶けないので雨粒に濃集せず、雨雲を抜けて成層圏に達します。そこで、強い紫外線を浴びて塩素を放出し、それが効果的にオゾン層を破壊したのです。天然物と人工物では循環過程での振る舞いが異なるのです。

濃集作用による海水の浄化

岩石は風化によって細粒化して拡散します。このとき、有害な硫化物は酸化物に変質したり、重金属は水中に拡散したりして無害化します。土砂が海まで運ばれる途中で、水の流れの速さに応じて、岩と砂利と砂と泥が選別（淘汰）されて、それぞれ渓谷、扇状地、中流・下流域、河口に堆積します。もっとも軽い泥は河口（入り江）まで運ばれ、そこで海水と接して凝集（濃集）してヘドロ状の塊となって沈みます。その時、水中の濁りやミネラル類をいっしょに含んで沈むので、水質が浄化されます。海底に沈んだヘドロは養分に富んでいるので、干潟は生き物の楽園になるわけです。

波の荒い海岸には砂利や砂が溜まります。そして海浜で波に洗われるたびに空気を海水に溶け込ませて、海水を浄化します。乾燥地帯にあるアラビア湾や紅海の湾入部では海水が盛んに蒸発します。海水に溶け込んだカルシウム、マグネシウムなどのイオン類は濃縮され、ついには石灰岩や岩塩、石膏として沈殿します。熱帯の浅海にすむサンゴ虫はカルシウムを濃集して巨大なサンゴ礁をつくります。サンゴ礁が石化すると、セメントの原料や製鉄の副原料となる石灰岩になります。山口県美祢《みね》市にある秋吉台の石灰岩は、石炭紀、約三億五〇〇〇万年前のサンゴ礁です。

現在の太平洋の深海底に広く分布しているマンガン団塊は、ジャガイモのようなサイズと形をした鉄とマンガンの酸化物です。海水中の鉄とマンガンが微生物の働きで酸化物として沈殿するとき、海水に微量に溶け込んだ銅、ニッケル、コバルトなどの金属を濃集します。こうした濃集作用によって重金属類が海水から効率的に除去されるので、常に海水は清浄で、塩分も一定に保たれているのです。

資源とは何か

例えば砂金、岩塩、石灰岩、石油、石炭など、天然に産する有用物質を資源と呼びますが、その実体は循環経路で働く濃集作用の産物です。

前項で紹介した秋吉台の石灰岩で分かるように、濃集作用が働く場と時代は限られています。作用が継続する時間も有限です。ゆえに資源は地理的に偏在していて、埋蔵量も有限なのです。したがって現在のレベルで石油消費を続ければ、石油の枯渇は不可避だといえるのです。

そうした資源を小惑星や月や火星に求めようという計画もありますが、無意味です。小惑星には、誕生当時から天-地-水の循環はなかったので、有用物質の濃集はありえません。

誕生当時の月と火星にあったマグマも、二〇億年以上も前に冷え固まったので、やはり資源は期待できません。もしマグマ溜まりの底に重い鉄やニッケルが沈殿(濃集)して鉱床をつくったとしても、深すぎて採掘できないでしょう。たとえ有用物質が確かに存在すると分かっていても、技術的に採取できなかったり、たとえ採取できたとしても採算が合わなかったりすれば、資源にはなりえません。

生き物を育てる土という観点からも、現代文明を支える資源という観点からも、人間が地球から離れて生きることは不可能なのです。

資源利用と環境破壊

例えば旧石器は身近にある硬い岩石でつくられました。その石器の性能を高め、用途を広げるためには硬くて加工しやすい石材が必要ですが、特殊な岩石になればなるほど、産地は限られてきます。代表例は、緻密で粘り気のある黒曜石のような火山ガラスです。和田峠（長野県）や姫島（大分県）など、極東では日本列島にしか産出しないので、資源として交易され、朝鮮半島や沿海州にまで運ばれました。ところが、青銅器や鉄器が発明されると、黒曜石は資源価値を失い、それまで手付かずだった銅鉱石や鉄鉱石などが資源となりました。新しい技術には新しい資源が必要なのです。

しかし、資源となる有用物質は、人間の経済活動のために濃集しているわけではありません。例えば水俣病の原因となった水銀やイタイイタイ病の原因となったカドミウムは、地下深部に濃集して地表の岩石から除去されたからこそ、生命圏は安全な環境下にあるのです。深海底にマンガン団塊が形成されることで海水が浄化されているのと同じです。

現代の最先端技術を駆使した高度な情報社会を支えるのに欠かせないジスプロシウムやインジウムなどのレアメタルは、地表の岩石にほとんど含まれていない元素、産地が極めて限られている元素、およびありふれてはいるものの特定の鉱石に濃集しないので取り出すことが難しい元素です。そうした元素は土や水にほとんど含まれていないので、多くの場合、生き物に高濃度に取り込まれると害を与えます。

現代社会をリードする科学技術は、物理学と化学が明らかにした物性を利用する技術なので、改良したり革新したりするたびに新しい資源が必要になります。そして資源開発と称して地下に隔離された元素を膨大なエネルギーを使用して採掘します。しかも資本主義経済の下ではあらゆる商品が使い捨てられます。そして一定の時間が経過すると、放出された元素が水質や土壌を汚染して、生命圏に害を与えます。

現代文明を脅かす資源涸渇と環境破壊は表裏一体の関係にあります。

だからこそ、現代文明の危機を回避するには、固体地球と生命圏を統合的に捉える地球科学的な視点が不可欠なのです。

CHAPTER 2

生き物とのつながり

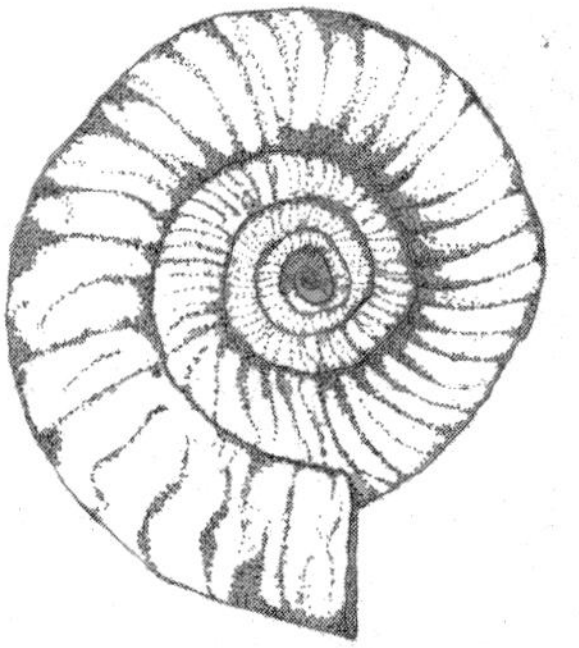

前章で人間は、山脈や火山を生み出す力をもっている「生きている星」地球を離れては生きてゆけないことを説明しました。大気圏（天）・岩石圏（地）・水圏（水）の循環が、地表では大気と水を浄化し、気候を安定させて生命圏を維持しており、地下では人間に必要な資源を形成しているからです。

一方、月や火星などは、そうした動きのない「死んだ星」です。たとえ太陽熱で天と水が循環したとしても、新たに山脈も火山も造られないので、地の循環が続かないのです。

地球史カレンダー

地球は四六憶年前に誕生しました。地球誕生を一月一日午前〇時として現在を大晦日午後一二時の寸前とする地球史カレンダーをつくってみましょう。

正月中旬に月が誕生しました。二月初旬に海が誕生しました。初期の海は百度を超える高温だったので、大気は海水に温められて複雑な動きをしていたと考えられます。

しかし中旬になると海水が冷えて太陽光が大気を温めるようになり、定常的に地球を一周する大気の大循環、つまり偏西風や貿易風のような安定した風系ができました。二月末になると海のなかで生命が誕生しました。その後ながらく単細胞生物の時代が続いて、ようやく十一月上旬になって教科書でおなじみの三葉虫やアノマロカリスが出現しました。

十二月九日に恐竜が誕生し、翌日哺乳類が誕生しました。哺乳類はいまも生きていますが、恐竜は二六日の夜中に絶滅しました。大晦日の午前一一時前に人類が二足歩行を始め、大晦日の夜一一時二五分に人間、ホモ・サピエンスが登場しました。その新参者は、年が変わる三五秒前に四大文明を築き、除夜の鐘が鳴りやむ二秒前に「産業革命」を起こし、その一秒後に大々的に環境を破壊し始めたのです。

地球史的にみて、ほんの一瞬で地球環境を破壊し、多くの生き物を絶滅に追いやった人間の存在は異常だといえます。北米の哺乳類化石の研究は、五〇〇〇万年前以降、哺乳類は緩やかに数を減らしてきたことを示しています。もちろんその減少に人間は関与していません。しかし、ここ数万年間でいえば、そうした哺乳類やその他の生き物の絶滅速度を速めたのはまちがいなく人間です。

ただ、環境破壊は人間の時間スケールでみても一瞬なので、私たちが努力すれば、現状を劇的に改善できる可能性は残されている、ともいえます。そのためには、人間は三つのつながりのなかで生きているということを理解することが大切だと思います。

自然界は弱肉強食か

自然界は厳しい「弱肉強食」の掟で支配されているといいます。確かにアフリカのサバンナを見ると、肉食動物が草食動物を襲っています。しかし、それは肉食動物が強いから、あるいは獰猛だからではありません。肉を食べなければ生きてゆけないからです。草食動物が草を食べるのと同じことなのです。このような「食う、食われる」の関係を食物連鎖といいます。

例えば百獣の王と呼ばれるライオンは、ライオンとして生まれ、草食動物をエサにして育ち、子孫を増やします。しかし、死ぬときにはハイエナやハゲタカなどの餌食になります。同様に、すべての生き物は同属のために成長し、同属の子孫を増やしますが、死ぬときには必ず他属の餌になります。たとえ餌食にならなくても、最終的には微生物の餌になり、分解された有機物やミネラルは土にかえります。こうした仕組みによって、草食動物も肉食動物も餌不足に陥ることなく、ともに繁殖できるのです。自然界の掟は「弱肉強食」というよりは「共存共栄」なのです。

最近よく「共生と循環」といわれます。しかし人間が素手でサバンナに立てば、たちまち肉食動物の餌食になってしまうことは明らかです。そこで、改めてサバンナを見直すと、数多くの草食動物が絶え間なく草や木の葉を食んでいますが、決して草原を食いつくしてしまうことはありません。肉食動物が、とらえやすい幼獣を狙うだけでなく、年老いたり、怪我をしたり、病気になったりした個体を餌食にして、草食動物の一方的な増殖に歯止めをかけているからです。生命圏の実態は「共死による命の循環」なのです。

この仕組みをモンゴルの遊牧民は利用しています。遊牧民がヒツジを襲うオオカミの巣穴で子どもを見つけると、皆殺しにするのではなく、何匹かの子どもを間引いてオオカミの数を調整するのです。オオカミがいなくなると、病気のヒツジが増えて群れ全体に病気が蔓延する恐れがあるからです。

ところが人間は、意識的に食物連鎖から離脱しようとしています。特殊な例を除けば、遺体を埋葬したり火葬したりして、ほかの生き物の餌食になることを防いでいるのです。他の生き物の存続に寄与しない人間の死に何か意味はあるのでしょうか。私は、人間の死は同属の将来世代に生きる指針を与えるためにあるのだと考えています。これについては、次章で詳しく説明します。

生態系の仕組みと陰陽五行説

こうした複雑な生態系の仕組みは、中国の古典的な「陰陽五行説」でうまく説明できます。

「陰陽論」は昔の迷信だと思っている人も多いでしょう。しかし、生態系の仕組みを考えるとき、とても参考になるものなのです。前章で、循環経路に濃集と拡散という二つの作用が働いていて、地表では環境が浄化され、地下では資源が形成されていることを説明しました。「濃集」と「拡散」のように相反する性質のものを「陰」「陽」

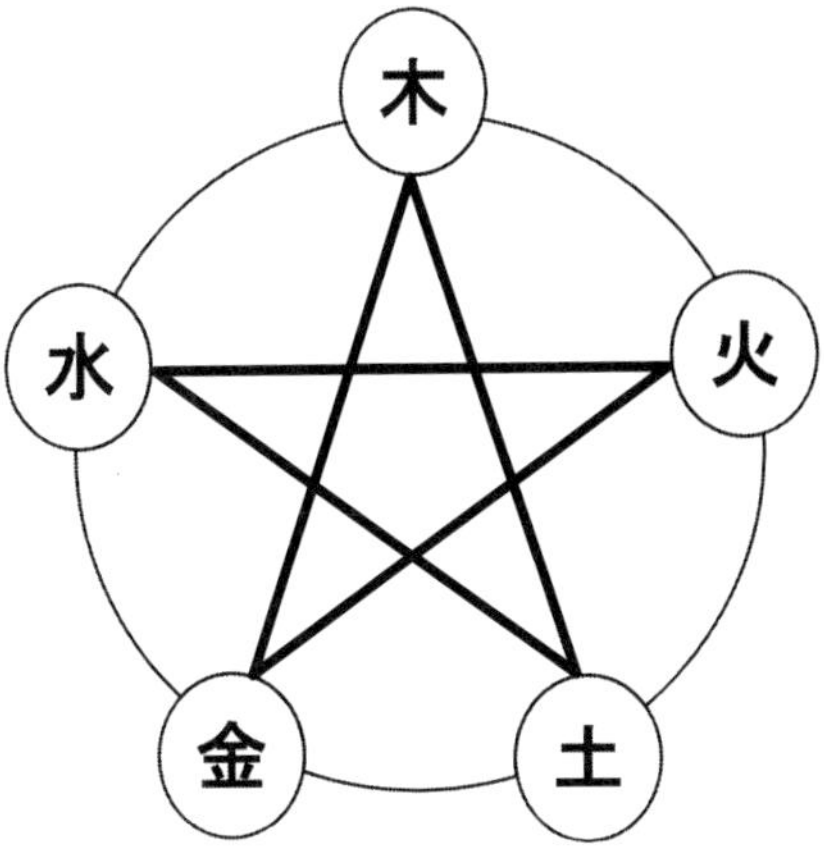

生物圏の実態を説明する陰陽五行説

隣同士は助け合い、向かい合うもの同士は競い合う（相生相克）ことで、全体のバランスがダイナミックに保たれています。

の関係にあると考えます。また、最新のコンピュータも二進法、つまり「オンとオフ」「0と1」ですべての計算を行っています。これらも「陰陽論」の考え方を使って説明することができるでしょう。

五行説では、木、火、土、金、水の五要素の関係を「相生相克」の原理で説明します。

隣り合う要素は「相生」、助け合いの関係です。木は火を生み、火は燃え尽きると土を生みます。土は金を生み、金は空気中の水蒸気を結露させて水を生み、水は木を育てます。

一方、対角線上にあるもの同士は「相克」、対立する関係です。木は土の地力を奪います。土は水をせき止め、水は火を消します。火は金を溶かし、金は木を伐ります。こうした「相生相克」の働きによって全体的な調和が保たれるのです。

生態系もこれと同じです。ある局面では争っても他の局面では助け合い、全体として調和を保っているのです。こうした生態系の複雑さが理解されるにつれて、従来の「食物連鎖」ではなく「食物網」という言葉を使う人が増えています。

自然界は共存共栄

自然界でも実験室でも、生態系は複雑なほど安定で、単純なほど脆弱です。人間が手を加えて生態系を単純化させて大失敗した例が、国策として行われたイエローストーン公園のオオカミの駆除です。一九二六年に最後のオオカミが駆除されると、オオカミの餌食になっていたエルクやワピチと呼ばれる大型のシカ科の動物が爆発的に増加し、同時に他の草食動物と肉食動物も激減しました。そして、大型のシカは温暖な年には爆発的に増加し、寒冷な冬に餓死して激減するというサイクルを繰り返し、公園内の植生を変え、川の流れさえも変えてしまいました。一九九五～九七年にオオカミが再導入されると、大型のシカは餌食になって数を減らし、その後は激減・激増の度合いが減って数が安定しました。そして植生が復活して川の流れも変わり、生態系が昔のように豊になりました。

自然界では特定の生物が「一人勝ち」することは許されないのです。もしライオンが一人勝ちすると、周辺から餌となる草食動物は姿を消し、結局はライオンも餓死して姿を消します。もし「一人勝ち」が許されないとすれば、近年の人口爆発は異常です。世界人口の適正規模は誰も知りませんが、他の生き物の種類と数を激減させるような事態が続けば、人間を取り巻く生態系はますます単純化し、最後にはわずかな環境変化で脆くも崩れてしまうでしょう。

自分が属する生態系を安定させるためには、生き物の種類と数をできるだけ増やす必要があります。とはいえ、ある地域の生態系を支える土地の面積は一定であり、そこに降り注ぐ太陽光も一定です。その限度内で生態系をできるだけ複雑化させるには、「弱肉強食」で「一人勝ち」するのではなく、できるだけ多くの生き物と「共存共栄」して食物網を複雑化してゆくしかありません。

例えば草食動物の場合、同じ草でも穂先と茎と根を食べわけると、種類は増えます。

肉食動物にしても新鮮な肉を餌にするものと食べ残しの腐肉を漁るものとに分かれると種類は増えます。そうした肉食動物を餌食にするものが出現すればさらに種類は増えます。

例えていえば、人口が少ないときは、平屋を建て増ししたり、平屋を二階建てに改築したりすれば人口増加に対応できますが、絶対的に人口が増加すると、高層住宅に集住するしかないのと同じだといえるでしょう。

食物連鎖と養分の循環

食物連鎖は、養分を循環させる仕組みでもあります。例えば動植物の遺体を食べる昆虫や微生物は有機物を水と二酸化炭素などに分解し拡散させます。この過程でフグやトリカブトなどの毒は分解されて消えてしまいます。

川で生まれるサケやアユなどは、海に下ってプランクトンや小魚を食べて育ち、産卵期に再び川に戻ってきます。この時、貴重なミネラルを海から陸に戻しています。

そして上流で待ち構えているクマやタカやフクロウなどの捕食者である動物が、魚が海から運んできた養分を森に運びます。また魚を食べるウミガラス、ペリカン、カツオドリなどの海鳥も、糞のかたちで貴重な養分を陸へ運び上げています。

ペルーのような乾燥地域では島を住みかとする海鳥の糞が乾燥・固化してグアノという肥料になります。インカ帝国では農民がこのグアノを毎年アンデス山脈の山腹につくられたアンデネスという段々畑（階段耕地）の最上部まで運びあげ、灌漑用水に肥料として加えて下流域まで流して、食糧を確保していました。インカ帝国が滅んだ原因のひとつは、スペイン人による征服で王権が失われてグアノの運搬が滞り、食糧生産が激減したことです。

海洋科学技術センター（現海洋研究開発機構）の深海調査船「しんかい6500」が、鳥島付近でクジラの遺体の回りに深海サンゴやホヤなどの底棲生物のコロニーを発見しました。イルカやクジラは表層の養分を糞や遺体の形で深海底に供給し、底棲生物を養っているのです。彼らの遺体は深海のオアシスともいえるでしょう。

海底に付着して育つ底棲生物の幼生は、プランクトンとして海底面上の流れ、つまり底層流にのって拡散します。漂流中に運よく大型生物の遺体に出会うと、それに固着して成長し、幼生を放出します。底棲生物は、深海底に点在するオアシスを利用して分布域を広げているのでしょう。

イルカやクジラの多くの種は、季節ごとに、南極から北極へと大海原を回遊します。それによって、南極や北極に濃集した養分を赤道地方へ再配分しているのかもしれません。そうだとすれば、人間がイルカやクジラを激減させたことは、深海の生態系に大きな被害を与えたことになります。

生態系を詳しく調べれば調べるほど、食うものも食われるものも、何かしら大切な役割を果たしていることが分かってきました。人間からすれば「不毛の地」でしかないサハラ砂漠の砂がアマゾンの森林や大西洋の魚を養っているように、人間の価値基準だけで生き物の役割を、益鳥や害鳥、あるいは高等植物や下等植物だと推しはかってはいけないのです。

開発か保全かをめぐって、よく「人間が大事か、生き物が大事か」と議論されますが、そもそも問いそのものが誤りです。人間が生命圏の一員である以上は、生命圏全体が健全に維持されないと、人間の生存は保証されません。最近、人間の腸内に住みついている細菌の働きがクローズアップされているように、人間をとりまく生きとし生けるものはすべて尊いものなのです。

土の実態

前章で土の主成分は砂利と泥だと述べました。では砂利と泥を適当な割合で混ぜて水を注げば土になるのかというと、そうはなりません。さまざまな副成分が必要です。まず落ち葉や動物の遺体などの有機物からなる腐植です。次に、空気や二酸化炭素、水蒸気のようなガス（気体）と液体の水です。それらに加えて、バクテリアやカビなどの微生物からミミズやモグラなどにいたる大型動物も重要です。

有機栽培の畑を掘り起こすと、作物の根に大小さまざまな土団子がからまっています。これを団粒構造といいます。地中に住むさまざまな生き物によってつくられたものです。

例えばアリやモグラなど、地下に巣穴をつくる動物が開ける大小の穴は、空気や水の通り道です。穴の表面にはカビが生えたり、細菌が住みついたりします。そうした微生物を餌にするミミズは、土を食べて団子のような糞を出します。ほかにもセミやカブトムシの幼虫が地中に潜り込むなどして、土の構造は複雑化します。

地中に生きる生き物たちは、呼吸して二酸化炭素を吐き出します。二酸化炭素は土中の水分と結びついて炭酸という弱い酸となり、鉱物を効率的に風化させて元素を溶かし出します。

落ち葉や動物の遺体などの有機物が分解してできる有機酸も、同様の働きをします。微生物のなかには、鉱物から直接元素を溶かし出すものもいます。そのような無機的・有機的な働きによって、動植物の生育に必要な元素が土に供給されるのです。

砂利と泥という無機的な粒子、気体と液体、そして有機物と大小さまざまな生き物とが渾然一体となってはじめて、ふわふわと柔らかく、水はけがよくてしかも保水力のある豊かな土ができるのです。

植物の根の周りには複雑な生態系が発達しています。代表例はクローバーやエダマメなどのマメ科の根と共生する根粒菌（根粒バクテリア）です。植物が直接利用できない大気中の窒素分子をアンモニアに変換して植物に提供しています。化学肥料が出回る前は、春先に水田にマメ科であるレンゲの種をまき、茂らせておいて、田植えの前に田んぼに鋤きこんで肥料にしていました。これを緑肥といいます。

根粒菌のほかにも植物の根と絡み合って菌根と呼ばれる共生体をつくる菌根菌がいます。カビやキノコの仲間です。菌根菌は根から養分をもらう一方、周辺の土からリンなどの養分を吸収して根に与えたり、病原菌やセンチュウなどの外敵を撃退して植物を守ったりしています。

地上の世界と違って、地下の世界は直接見えないので研究は困難ですが、複雑な生態系が発達しているのです。

オージービーフを救ったコガネムシ

オーストラリアは米国とならぶウシの王国です。ウシは一八世紀に入植したイギリス人が持ち込んだものです。広大な草原に放牧されたウシたちは、当初は順調に増えました。しかし、そのうちに牧草が不足するようになりました。ウシの糞が、大きな円盤のままで乾燥して、地面を覆ったからです。陽の当たらない糞の下からは草が生えてこないので、蓄積した糞のぶんだけ牧草地は縮小することになったのです。

ではアフリカではなぜ、スイギュウやインパラなどの糞で草原が覆い尽くされないのでしょうか。研究者たちがアフリカに出向いて、草原に落とされたスイギュウなどの糞のゆくえを見張りました。するとコガネムシの一種であるフンコロガシが糞の周りに集まってきて、糞の一部を切り取って団子状にしていました。そしてその団子を転がして巣穴に運び去っていったのです。

あとを追うと、巣穴のなかでメスが糞の団子に卵を産み落としていました。孵化した幼虫は、その団子、つまり草食動物の胃腸で細かく砕かれ、なかば消化された有機物を食べて成長していたのです。幼虫が出すもっと細かい糞は、おそらくカビや細菌などによって消化され、水と二酸化炭素と無機養分に分解されて、最終的に土に吸収されるのです。

「これだ」と研究者たちはフンコロガシを集めてオーストラリア大陸に持ち帰り、何世代にもわたって無菌培養を続けました。そうして安全を慎重に確認してからフンコロガシを牧草地に放したところ、これが大成功。ウシの糞はみごとに土に戻って牧草地の生産力は回復し、ウシの飼育数は一七〇〇万頭まで急増しました。二〇〇七年には二八〇〇万頭に達しています。

なぜこのような事態になったのか。もともとウシがいなかったオーストラリア大陸に、イギリス人が新たにウシを持ち込んだからです。

ユーラシア大陸では約二三〇〇万年前にアフリカのサバンナや北米西部の大平原のような大草原が現れ、ウシやウマなどの草食動物が進化・繁栄し、それに伴ってフンコロガシのような「掃除屋」も進化しました。

ところが、オーストラリア大陸はずっと古い時代にユーラシア大陸から分離したので、カンガルーやコアラなどの有袋類が独自に進化し、同時に有袋類の糞に特化した「掃除屋」が進化しました。そこに有袋類とは生態を異にするウシを持ち込んだので、昔ながらの「掃除屋」ではウシの糞に対応できず、問題が生じたわけです。

研究者が慎重に検討して導入したフンコロガシは大成功でしたが、その陰にはウサギの導入による大失敗がありました。

オーストラリア大陸にはもともとウサギは生息していませんでした。ところが一八五九年、ビクトリア州の地主が、狩猟を楽しむためにイギリスから二四匹の野生のウサギを輸入しました。野生に放たれたウサギは数年以内に数百万に増えました。

そして一九二〇年代までに生息域は大陸全体にひろがり、個体数は推定百億匹に膨れ上がりました。オーストラリアにはウサギの生息に適した手付かずの大地が広がっており、冬は穏やかでほぼ一年中繁殖することができます。しかもヒツジを守るために牧場主たちがディンゴというオーストラリア在来犬の駆除をしていたため、ウサギには天敵がほとんどいなかったからです。

一九〇〇年代初頭から政府もウサギの駆除に努めてきました。いまはウサギの個体数は一九二〇年代初頭の数分の一になっていますが、それでもなお国の環境および農業・牧畜システムに負担をかけ続けています。

人間の都合だけでは生態系を変えることはできないという好事例でしょう。

農業の反自然性

ところで、人間はかなり大型な動物です。そして雑食性とはいえ、食物連鎖の上位を占めています。だから人間が生存していくためには大きな生態ピラミッドが必要です。つまり微生物、植物、草食動物、肉食動物が、下から順にピラミッド状に積み重なった生態系を健全に維持しなければならないということです。

だとすれば、自然にやさしく見える農業も反自然的な営みです。特定の品種を一人勝ちさせようとするからです。古代文明の跡地のいくつかの場所は砂漠化しています。それは、気候が乾燥化したこともありますが、大きな要因として考えられるのが森林を切り開いた農地を収奪的な農業で荒廃させてしまった、ということです。

田畑にいわゆる雑草や害虫が侵入するのを防ぐために農薬を利用することは、農地周辺の生態系を単純化することです。短期的には有効でも、長期的にみれば、生態系は脆弱化して、ちょっとした環境の変化に耐えることができなくなります。

ましてや近代農業のように、灌漑と農薬・肥料と品種改良の三点セットで単一作物を大規模栽培することは天に唾する行為です。数年も経たずに農地が疲弊したり、連作障害が生じたりするのは当然でしょう。

それと同時に食物に残留した農薬やポストハーベストの農薬、加工食品に添加された添加物などが、人体に悪影響を与えます。私が山形に住んでいたとき、冬の間はベランダを冷蔵庫代わりにして野菜や果物を貯蔵していました。ある年、米国産グレー

ポストハーベスト農薬

収穫（ハーベスト）された後（ポスト）に、収穫された果物や野菜、穀類に散布する農薬のことです。遠隔地へ収穫物を輸送する間に発生する虫やカビを防ぎ、商品としての品質を保つために散布されます。また、もし輸送中にカビが発生したものを食べると食中毒を引きおこす可能性もあるので、食品としての安全性を保つためにもポストハーベスト農薬が使用されます。しかし、ポストハーベスト農薬は通常田畑に散布する農薬より高い濃度のものが使われることも多く、収穫物の表面だけでなく、皮のなかにまで浸透する危険性があると懸念されています。

プフルーツの箱と国内産の夏ミカンの箱を置いていたところ、三月末に雪が解けて間もなく、夏ミカンは全部真っ青なカビで覆われました。ところがグレープフルーツはピカピカのままで、五月になっても変化はありませんでした。農薬の効果につくづく感心しました。

その頃、小学生低学年だった娘二人にアトピー症状が出ることがありました。そこで無農薬野菜を共同購入するグループに加入したところ、半年もたたないうちに症状は治まり、二度と苦しむことはなくなりました。子どもが成長して体質が変わったからだという説明も可能でしょうが、私は食生活の変化が大きかったと判断しています。

森林伐採や農地の拡大でウシ、ヒツジ、ブタ、ウマなどの家畜は急増している反面、野生種は次々に絶滅しています。大型動物の場合、生物量で見れば、哺乳類のうち家畜が六〇％、人間が三六％、そして野生生物はわずか四％でしかないそうです。

植物界でも野生種は急速に減少しています。その一方で稲や小麦、トウモロコシなど二〇種足らずの栽培種の耕作面積と収穫量が異常に増大しています。

産業革命以降の野生種の減少・絶滅の速度は地質学的に見れば異常です。三葉虫やアノマロカリスが出現したカンブリア紀以降、生命圏は五回、大量絶滅を経験しています。先に述べた白亜紀末の恐竜絶滅は第五度目の出来事です。恐竜絶滅には隕石衝突が深くかかわっていますが、同時期に絶滅したアンモナイトやイノセラムスなどは、恐竜と同じように、数百万年かけて衰退して絶滅しています。大量絶滅は決して瞬間的な出来事ではないのです。しかし、人間は旧石器時代からすでにマンモスやオオナマケモノなどの大型哺乳類を絶滅させ、産業革命以後はその動きを加速させています。時間当たりの絶滅率は過去五度の絶滅率をはるかに超えています。

『現代は六度目の「大量絶滅」の時代』という表現は決して誇張ではないのです。

とはいえ、第六度目の「大量絶滅」が生じたとしても、それで生命の歴史が途絶えるわけではありません。過去五回の大量絶滅で地球が原始的なアメーバーだけの世界に戻ったことは一度もありません。例えば古生代ペルム紀と中生代トリアス紀（三畳

6 度目の大絶滅

6 度目の大絶滅という言葉は 2015 年、一般ノンフィクション部門でピュリツァー賞を受賞した『6 度目の大絶滅』の著者エリザベス・コルバート氏が使ったものです。

著者によると、地球はこの 5 億年間で 5 度の絶滅と呼ばれる状況を経験しています。原因は気象変動、氷河期、火山の噴火、そして隕石の衝突などさまざまですが、6 度目の大絶滅の原因は人間の活動です。人類のどんな行為が大絶滅につながるのか。それは多様です。制限のない狩猟、侵略的外来種の持ち込み、気候変動を引きおこす社会活動、開発など、さまざまな活動に起因していると指摘しています。

紀）の境界で生じた生命史上最大の絶滅でも、三葉虫のような古生代型の動物は数多く消滅したものの、魚類や両生類は生き残り、中生代になると爬虫類や哺乳類が新たに進化しました。白亜紀末の絶滅でも、恐竜やアンモナイトなど中生代型の動物は消滅したものの、生き延びた鳥類と哺乳類が新生代の覇者になりました。したがって、いかなる理由で人間が絶滅したとしても、生き延びた生き物が新たに進化発展して、生命圏は豊かになってゆくのです。

人工物の危険性

これまで私たちは天然素材のゴミを循環経路に組み込まれた拡散過程に投入してきました。ゴミを燃やせば、風が煙を拡散させます。地面に埋めれば微生物が分解して、養分を土に返します。水に流せば、下流に流される間に水鳥や川魚、水生昆虫などの餌になったりして分解され、養分がプランクトンを養います。天‐地‐水の循環はゴミを拡散させ、無害化させるのです。

しかし地域がもつ拡散能力には限度があります。たとえ生ごみでもむやみに捨てれば、生態系に打撃を与えます。湖水の富栄養化や海の赤潮はその例です。ましてやプラスチックなどの分解されにくい人造物質は、たとえ毒性はなくても、循環過程で分解されないために害をなします。

例えば海岸では海鳥が釣り糸にからまって死んでいます。尾びれに漁網が絡んだままのアザラシも観察されています。外洋ではウミガメが波間に漂うプラ袋をクラゲと間違えて食べて死亡したという事例も報告されています。クジラの胃袋からも多数のプラスチックゴミが発見されています。

最近ではマイクロプラスチックが問題になっています。海に流れ込んだプラスチック製品が劣化して五ミリ以下の破片になったものです。プランクトンに取り込まれて、それらを餌とする魚に濃集していきます。これが海の生態系にどのような影響を与えるかはまだ不明ですが、もし危険だと分かっても、もはや回収する術はないのです。

　水銀や放射性物質などの拡散過程で無毒化しない物質やＤＤＴやダイオキシンなどの微生物の餌にならない塩素系化合物などは、燃やしても、川に流しても、あるいは土に埋めても、必ず循環経路に入り込んできます。そして最終的に生き物に濃集して害をなします。これを「生体濃縮」といいます。水俣病（メチル水銀）やイタイイタイ病（カドミウム）はその典型でした。

　最近では環境ホルモンが問題になっています。例えば養殖生け簀の網に塗布して藻やフジツボなどの付着を防止する有機錫《すず》化合物。十億分の一の濃度になると、性ホルモンのように作用してバイガイの生殖機能に異変を起こすことが分かったのです。ＤＤＴやダイオキシンなども、生体に直接被害を与えない濃度まで薄めると、やはり性ホルモンのように作用します。

　このような物質を環境ホルモンといいます。胎児にもっとも大きく影響し、生殖機能と免疫機能を阻害するので事態は深刻です。たとえ元気そうに育ったとしても、若死にしたり、子孫を残すことができなくなったりするからです。気流の関係で汚染物質が濃集する北極で、食物連鎖の頂点に立つアザラシやホッキョクグマなどが被害を受けていることが、世界自然保護基金（ＷＷＦ）によって報告されています。

人間は日常的な経済活動によって無自覚に環境を汚染していますが、短期的に勝敗を決しなくてはならない戦争では、危険だと分かり切っている兵器を大々的に使用します。代表例は、ベトナム戦争においてアメリカ軍が使用した枯葉剤やナパーム弾、湾岸戦争やイラク戦争において使われた化学兵器や劣化ウラン弾、クラスター爆弾や地雷などです。しかも、二〇二二年二月から始まったロシアのウクライナ侵攻の映像であきらかにされたように、危険性が実証済みのクラスター爆弾や地雷などが大々的に使われています。さらには化学兵器や核兵器の使用まで言及されています。

戦争こそは環境を破壊し汚染する最悪の元凶です。平和は地球環境を保全するための絶対的な必要条件といえるでしょう。

絶滅に直面するのは誰か

産業革命以降、人間は、地球の循環が育んできた石油や鉄鉱石などの資源を掘り出して現代文明を発展させてきました。それは同時に天‐地‐水の循環を阻害し、循環経路に毒を投げ込むことでした。

地球の循環は時間的にも空間的にもスケールが大きいので、局地的な環境汚染や環境破壊でさえ、被害が顕在化するまでには十数年、時には数十年もの時間がかかりました。被害範囲も予想外に広大でした。緊急対策を講じても被害は十年以上も続きます。水俣病にせよイタイイタイ病にせよ、今までに公害病といわれたものはすべてそうでした。環境ホルモンも同じ結果を招くのではないかと危惧されています。

現在進行中の地球環境の汚染と破壊の最終的なつけは、何十年後か何百年後かに必ず人間に回ってきます。その時にはもはや打つ手は残っていないでしょう。そのために人間が絶滅するとしても、それに直面するのは私たちではありません。まだ畑の土のなかや山の岩のなかに元素の形で潜んでいる将来世代です。

しかも絶滅とは決して一瞬の出来事ではありません。それを教えてくれるのはトキ（朱鷺）です。

トキは、明治初期まで日本ではありふれた鳥で、全国各地にいました。明治になりトキの羽根が輸出品になって乱獲されたり、開発によって生息域が失われたりしたことなどから、一九一〇年代に激減しました。

一九五二年に特別天然記念物に指定されたものの、農薬の使用によってトキの餌となるドジョウやカエル、小魚などが激減し、その影響もあって減少に歯止めがかかりませんでした。一九六七年佐渡トキ保護センターが設立され、翌年まだ幼鳥だったキンが保護され、八一年には佐渡の野生のトキ五羽が保護されたことで、野生のトキは姿を消しました。そして二〇〇三年、キンが死んで日本のトキは絶滅しました。

今は中国から贈られたトキの人工繁殖に成功し、数を増やしています。

老齢化したキンは一日中ほとんど動かなかったのに、死の直前に大きく羽ばたいて飛んだそうです。どのように死を悟ったのか知る由もありませんが、キンはまだ幸せだっただろうと、私は考えています。狭い檻のなかに閉じ込められて不自由さを意識したことはあったかもしれませんが、自分が最後のトキだという悲哀を感じることはなかった、と思うからです。

しかし人間は違います。何十世代か何百世代か後の子孫は、全面的な核戦争後の世界で、あるいは環境汚染が極まった世界で、飲めば毒だと分かりきった水を飲み、食べれば病気になると分かり切った食べ物を食べざるを得ないでしょう。それでもなお生き物の性《さが》として、子どもを生み育ててゆくのです。

そして身の回りから人影が完全に消えた時、自分は最後の人間だという孤独と絶望におののき、祖先が犯した愚行の数々を呪いつつ、究極の孤独死を迎えるのです。これこそ、この世の地獄ではないでしょうか。

「人間は死ねば終わり」という人に環境問題も資源問題もありません。あるのは「自由」や「成功」という刹那的な自己満足だけでしょう。しかもそれは、未来に生きる将来世代を含めたすべての生き物を犠牲にしなくては手に入れられないものです。

現状を変えるには、長い時間意識と未来に対する鋭いイマジネーションを持たねばなりません。そのためには、地球と生命と人間の歴史をしっかりと知ることが大切だろうと考えているのです。

CHAPTER 3

未来とのつながり

第一章で人間は地球と離れては生きてゆけないことを説明しました。人間は地球の天・地・水の循環が養っている生命圏の一員だからです。

第二章では人間はすべての生き物と共存共栄してゆくしかないことを説明しました。生命圏では「一人勝ち」は許されないからです。

本章のテーマは未来とのつながりです。人間はあと何千年か何万年かは生き延びるでしょう。しかし、いつかは絶滅する運命にあります。とはいえ生命圏は少なくともあと五億年間は存続するので、人間が絶滅しても、何千万年後には新たな知的生命体が出現すると予測できます。私はこれを新知体と呼ぶことにします。

以下に現代を生きる私たちが、人間の将来世代および未知の新知体とどのようにつながるのかを説明します。

食物連鎖から離脱した人間

前章で、あらゆる生き物は、同属のために生まれ育って子孫を残し、他属の餌となって死ぬと説明しました。しかし人間は、チベットの鳥葬のような例外を除けば、遺体が他の生き物の餌にならないように火葬したり土葬したりしています。食物連鎖から意識的に離脱しようとする人間の死に意味はあるのでしょうか。

真偽のほどは確かめようがないのですが、シルクロードを往来したキャラバンに使われたラクダは、旅の途中で我が子を失うと、その地を覚えていて、通りかかるたびにその場で立ち止まったそうです。その性質を利用して、モンゴルの遠征軍は、途中で将軍が戦死すると、その地に埋葬し、その場で一番幼い子どものラクダを殺して、母ラクダにその地を覚えさせたといいます。

もし本当の話だとしても、母ラクダの記憶は一代限りでしょう。我が子や仲間に自分の思いを伝える術をもたないからです。

国語辞典に文天祥《ぶんてんしょう》（一二三六―八二年）の名前が載っています。元に滅ぼされた南宋末の政治家・軍人です。フビライ・ハンが彼の才能を認めて、仕官するように何度も勧めましたが、祖国への忠節を貫いて刑死しました。彼の死は中国で代々語り継がれただけでなく、日本でも江戸中期に評伝が書かれて、幕末の志士に大きな影響を与えました。文天祥の壮絶な死が浮かび上がらせた嘘偽りのない人生が、五百年後の日本人に「大義」に生きるとはどういうことかという一つのモデルを示したからです。同じことは、釈迦やイエス・キリスト、ソクラテスなどの死についてもいえるでしょう。

私たちも、自分のおじいさんやおばあさんが、どのように生きて、どのように死んでいったのかを我が子や孫に語り聞かせて、おじいさんやおばあさんのように誠実に人生を歩んでほしいと伝えることができます。

一昔前の農家や商家は、そうした願いを文字にしたためて、家訓としました。将来世代が幸せな人生を送ることができるように知恵を授けることが、分別ある大人のなすべきことだったからです。

ちなみに、私の父親は私に物心がついたころ、「戦争はいかん。これからの日本人は文化で世界に貢献するのだ。経営者は十年先を考え、政治家は三十年先を考えるが、学者は百年先を考える」とよく言い聞かせていました。こうした歴史や父親の考え方を知ると「人間は生きているうちが花」とか「死は人生の敗北」という考え方がいかに浅薄なものか、そしてずっと先を考えることの必要性がわかるのです。

人間の死は将来世代に教訓を残すのです。換言すれば人間は、生命史上初めて、同属のために死ぬ生き物になったといえるでしょう。

そう考えると、むやみに死を恐れる必要はないのではないでしょうか。私たちは臨終に際して、天寿を全うする日までに身につけた経験と知識を基にして、将来世代に教訓を残すことができるのです。長寿に恵まれたいまこそ、先人がほとんど経験したことがなかった長い人生から得た智恵を、死に際して次世代に伝えることを考えるべきではないでしょうか。

人間は生命史上初の芸術家

二〇〇五年三月に開幕した「愛・地球博」（愛知県）で、南アフリカのブロンボス洞窟で発見された、七万五〇〇〇年前の貝殻ビーズの首飾りと線刻が施されたオーカーが展示されました。オーカーは酸化鉄を主体とした黄土色の粘土です。四角柱に整形したものに直線的な幾何学模様が刻まれていました。ホモ・サピエンスは誕生当初から、美を造形表現する能力をもっていたといえるでしょう。

三万年前に絶滅したネアンデルタール人は、最近まで芸術作品は残していないといわれていました。しかし近年、スペインのラパシエガ洞窟で六万五〇〇〇年前の壁画と彩色された貝殻が発見されました。とはいえ、まだ抽象的な線画や点描、手形しか見つかっていません。

二〇一九年、京都造形芸術大学で、京都大学霊長類研究所の天才チンパンジーアイちゃんをはじめ、世界の動物園のチンパンジーが描いた絵の展覧会がありました。色遣いに違和感はなかったのですが、すべては筆を一直線に動かすブラッシングで描いた「抽象画」でした。おそらくネアンデルタール人も具象画は描けなかったのでしょう。

私たちホモ・サピエンスは、インドネシアのカリマンタン島東部の洞窟で発見された四万年前の具象画が示すように、五万年前から具象的な絵画や彫刻を残すようになりました。原因は、五万年前に突然変異で言語能力が高まり、抽象的な事柄を考えられるようになったから、とされています。

外国を旅行すると、現地の言葉を知らなくても、身振り手振りで「これが欲しい」とか「これを食べたい」という具体的な思いを伝えることができます。しかし「去年の夏は寒かった」とか「来年の冬は暖かくなりそうだ」という目に見えない抽象的な事柄は、言葉がなくては無理です。

語彙が増えて思考力が高まると「真・偽」「善・悪」「美・醜」というような抽象的な概念が生まれます。そして、目の前の花や夕陽を見て感動するだけでなく、自分なりに「美」や「理想」という概念を構築して、その「美」や「理想」を花なり夕陽に託して表現するようになったのでしょう。

芸術には知性よりも感性が必要だと考える人は多いはずです。しかし実際は、感性で受け止めた花や景観の美しさを、自分なりの概念で再構成する知性も必要なのです。

五万年前に高い思考力を獲得した人間は、生命史上初の「芸術家」だといえるでしょう。その証拠に、チンパンジーは人間による訓練なくしては絵を描くことができないのに対して、人間は、木枝をもてば地面に絵を描くことができるし、土をさわれば器を作り、木片を手にすれば彫刻することができます。石や木をたたいて音を立て、踊ったり、歌ったりすることもできます。自分が体験した感動を自分なりに再構成をして表現することができます。芸術はもっとも人間らしい行為だといえるでしょう。

美しくなってきた地球

西洋科学は、かつてユダヤ・キリスト教の「天地創造説」に従ってダーウィンの進化論とその背景にある地質学的時間の存在を否定しました。米国ではいまだに進化論を公教育で教えることに反対するキリスト教徒がいます。そうした経験から、現在は、自然現象はすべて偶然の産物であって、地球と生き物の進化に目的はない、という立場に立っています。しかし、それは決して真理ではありません。自然界を秩序立てている何か偉大な存在、「サムシング・グレート」を認める自然観もありうるのです。

そうした観点に立って地球と生き物の歴史を見ると、両者は相互に関連しあって、景観を美しくしてきたと見なすことができます。つまり、地球はプレート運動によって、独自に美しい景観を生みだしてきました。例えば山脈や火山、大河や瀑布、大平原や複雑な海岸地形などです。そして生き物は地球の動きに対応して進化を重ね、地球が作り出した景観に彩を添えてきました。例えば熱帯雨林やサバンナ、サンゴ礁や高山のお花畑などです。

現在の熱帯雨林の無残な伐採跡やプラスチックゴミに覆われた海浜を見れば、タイムマシンに乗って過去に戻ると美しい手つかずの自然を楽しめるはずだと考える人は多いでしょう。しかし、そうした思い込みに反して、少し巨視的に見れば今の地球がもっとも美しいのです。

前章の地球史カレンダーで紹介したように、四六億年前に地球が誕生し、六億年前まで単細胞生物だけの世界が続きました。無論陸上に生き物の姿はありません。そして四億二〇〇〇万年前に初めてシダ植物が水辺に進出しました。そしてシダ植物が水辺に大森林を作った石炭紀の末、三億六〇〇〇万年前に魚類から進化した両生類が陸上に姿を現しました。

二億五〇〇〇万年前に中生代が始まると、気候が温暖化して、両極地方や高山地帯から雪氷が消えました。マツやスギ、イチョウといった裸子植物が内陸部に進出し、それに伴って大型爬虫類が大繁栄しました。恐竜が陸上を、魚竜と首長竜が海を、そして翼竜が空を支配したのです。しかし森に入っても、花をめでることも小鳥のさえずりを楽しむこともできませんでした。

六六〇〇万年前、恐竜と魚竜、翼竜などが絶滅して新生代が始まると、花を咲かせて実をつける被子植物が大繁殖し、裸子植物の針葉樹は北方に追いやられました。そうした新天地で繁栄したのが、一億五〇〇〇万年前に小型の肉食恐竜から進化した鳥類と、恐竜時代を夜行性の小動物として生き延びた哺乳類でした。

新生代初期には温暖だった気候が四〇〇〇万年前から徐々に寒冷化しました。そうした変化に対応して、秋に紅葉して葉を落とす落葉樹が進化しました。また春に芽を出して花を咲かせ、夏の終わりに種を落として秋には枯れるという草（草本）が進化し、内陸の乾燥地帯や高山地帯のような樹木が生えない裸地に進出しました。そして寒冷化・乾燥化が進んだ二三〇〇万年前、大草原が各大陸に出現し、乾燥に強いイネ科植物が繁殖しました。私たちが主食にしている米、大麦、小麦、トウモロコシはイネ科です。

地球を救うために緑を守れ、という声が上がりますが、陸地の大部分が緑で覆われたのはわずか二三〇〇万年前、つい最近の出来事なのです。

草原が広がると蜜を吸うハチやチョウなどの昆虫が増え、昆虫を餌にする鳥やカエルが増え、それらを餌にするヘビや猛禽類が増えるなどして生態系はいよいよ豊かになりました。

そしてアフリカの森で樹上生活をしていた霊長類の一部が、乾燥化で縮小する森林を捨てて拡大する草原に進出し、七〇〇万年前に二足歩行を始めました。これが人類の誕生です。

二六〇万年前に第四紀に入ると気候の寒冷化と温暖化が周期的に繰り返すようになりました。そして七〇万年前、八万年かけて寒冷化し二万年かけて温暖化する、氷期・間氷期の十万年周期が確立して、四季の変化が明確になりました。そのために鳥の渡りが始まったようです。

山岳には氷河が発達し、ヨーロッパアルプスにあるようなU字谷やカール、尖峰といった美しい氷河地形が景観に加わりました。そして、山麓の針葉樹や高原のお花畑、大空を舞う猛禽類などが景観に彩を加えました。

今日、私たちが愛でる「花鳥風月」の世界は、三〇万年前に原型が成立したといわれています。

人間の誕生

地球史的にみて、地表の景観がもっとも美しくなった三〇万年前、アフリカでホモ・サピエンスが誕生しました。

六万年前に一部の集団がアフリカから中近東に進出し、ヨーロッパと東南アジア、オーストラリアへと広がりました。シベリア方面に移動した集団は、ベーリング海峡を通って北米大陸にわたり、最終的には南米大陸の南端にまで到達しました。

そして史上初の芸術家として、世界各地でピラミッドやパルテノン神殿、万里の長城やマヤの神殿、アンコールワットやボロブドール、仁徳天皇陵や法隆寺などの構造物をつくりだしました。それらの多くは芸術の粋をこめてつくられたもので、いまでも地域の景観に彩を添えています。

生活レベルでも、美しさを追求しました。衣服や装飾品はいうまでもなく、料理も器に美しく盛りつけました。家のなかも毎日のように掃除し、絵画や花で部屋を飾っています。

芸術的創造性と独自の美的感覚をもった人間の出現は、地球と生き物の進化のなかにおいて必然だった、と考えてもよいのではないでしょうか。

地層に残る人間の痕跡

ところで、なぜ『ジュラシックパーク』のような映画ができたのでしょうか。恐竜がどのような生き物だったのかを示す痕跡が地層に保存されているからです。人間がどのような生き物であるのかを示す痕跡は、将来の地層、つまり現在の海底に残っています。

環境破壊的な生き物だったことを明かす痕跡の一つは、地層に残された人工的な遺物です。目に見えるものとしては、プラスチックゴミやマイクロプラスチック、セラミックや超合金の破片などです。地層を化学分析すれば、白亜紀／古第三紀の境界層からイリジウムが検出されたように、水銀や鉛などの有毒な重金属および微生物が分解できない塩素系化合物、つまり農薬や化学兵器の濃集、そして核実験や原発から放

放射性同位元素

たくさんの元素のなかで、陽子の数は同じであるけれど、中性子の数が異なるものが存在しています。それらの元素同士を同位元素、同位体と呼びます。

また、たくさんある元素のなかで、放射線を放出する能力（放射能）を持っている元素のことを放射性同位元素、または放射性同位体と呼びます。

出された放射性元素の同位体異常が検出されます。

もう一つは化石です。急激な人口の増加と生息域の拡大、それに伴う野生動物の激減と家畜の急増を示します。花粉化石は、野生植物の激減と栽培植物の急増を示します。どちらも、人間が急激に生態系を単純化した証拠になります。

好戦的だったことを示す痕跡は、戦争がもたらす遺物です。すなわち、軍艦や潜水艦、爆撃機や戦闘機、ミサイルなどの兵器の残骸および機関銃やロケット砲などの武器の残骸です。もし全面核戦争が生じたら、自然界にない放射性物質が全世界的に検出されます。同時に、年齢・性別を問わない人骨が無数にかつ広範に発掘されるでしょう。

新知体とはいかなる生き物か

こうした痕跡は、数億年以上、地層に保存されます。しかし人間絶滅後、誰が地層を調べるのでしょうか。それは、人間絶滅後、少なくとも五億年は続く生命圏にあって、早ければ五〇〇〇万年後、遅くとも一億年後には出現する未来の知的生命体、新知体です。

新知体が出現するという根拠は、過去五億年間の脊椎動物が示す三つの進化の方向性です。

第一は魚類以降、体制（ボディプラン）が変わらないことです。頭が一つで、両目、両耳をもち、鼻と口は一つです。手足が二本ずつで指は基本的に五本です。

新知体は尻尾をもつかもしれませんが、二足歩行の動物でしょう。巨大化した昆虫やイカといった奇怪なモンスターを想像する必要はないのです。

第二は脳の発達です。食物連鎖によって、捕食者も被食者も、生き延びるために知覚能力と運動能力を高めます。必然的に脳の機能が高まります。同属の異性を求める有性生殖が、タンチョウの求愛ダンスが示すように、好き嫌いの感情を育てます。子育てをする種においては、親は子どもが独り立ちするまで子どもに餌を与え、狩りの方法などを教えなくてはなりません。こうした行動で脳の機能は高まり、親子の愛情が生まれます。同様にして、夫婦で子育てする種においては夫婦愛が育まれます。

絶滅を生き延びた生き物が順当に進化することを想定すれば、新知体は人間以上に理性と感情に富んだ生き物になるはずです。

第三は環境変化に対応する能力の増大です。魚類から進化した両生類は水辺でしか生息できませんでした。変温動物の爬虫類は、乾燥には耐えるものの、低温環境では思うようには動けません。恒温動物の鳥類と哺乳類は赤道から極地方、海岸から高山にまで生息域を広げています。

新知体も高い環境適応能力を持ち、全世界に広がることでしょう。

では、どのような生き物から新知体は進化するのでしょうか。大変な難問ですが、カンブリア紀以降に生じた五回の大量絶滅を参考にして考えてみましょう。

例えば白亜紀末に絶滅した恐竜のように、時々の環境にもっとも適応して繁栄している生き物は絶滅しやすく、逆に当時の哺乳類のように、古い形質を保ったままひっそり暮らしている原始的な種は絶滅しにくいといえます。

そうだとすると例えばメガネザルのような小型の原始的霊長類が絶滅の危機に耐えて、新時代の生き物の祖になる可能性が高いといえるでしょう。そして新しい環境に適応する能力の高い種が次々に進化して、最終的に高い知能と豊かな感情をもった新知体が出現するだろうと、私は予測しています。

暴かれる人間絶滅のシナリオ

新知体は知的な生き物として必ず「私は何者。何処からきて、何処へ向かうのだろう」と問います。そして出自を求めて地層を調べ、生き物の歴史を復元しようとします。地球と生き物の歴史を扱う「地質学」は人間絶滅後の世界でも復活するのです。そして彼らからみて五〇〇〇万年前ないしは一億年前の地層、つまり現在の海底面を調べて、先に述べた二つの大きな異常を発見します。一つは地球規模での環境破壊であり、もう一つは世界規模での戦争の痕跡です。

もし二つの異常を示す地層を境に人骨化石が消えているならば、新知体は以下のような結論を下すでしょう。

過去の知的生命体（人間）は知性を高度に発達させたものの、知性がもたらした物欲を抑えることができず、自然を収奪した挙句に自滅したか、あるいは共倒れになると知りつつも全面的な核戦争を引き起こして自滅した愚かな生き物である、と。

ここで私が思い起こすのはＳＦ映画『猿の惑星』（一九六八年、フランクリン・Ｊ・シャフナー監督）のラストシーンです。宇宙に飛び立った宇宙飛行士が宇宙をさまよった末に不時着した惑星は、猿が君臨する驚くべき世界でした。宇宙飛行士を抹殺しようとする猿の手から逃れて海岸にたどり着いた主人公が、じつはそこが核戦争後の地球だったと知って驚き、人間の愚行を嘆くシーンで終わります。このラストシーンはＳＦ映画の金字塔といわれました。

その主人公と同じように、新知体も人間の物欲がもたらした破滅的な結末に驚くことでしょう。それと同時に、我が身がもつ知性を重ね合わせて、どうすれば物欲が制御できるのか人間が残した遺物を通じて解明しようとすることでしょう。

芸術に託す新知体へのメッセージ

残念ながら現在の海底には、人間が生命史上初の芸術家であることを示す痕跡は何一つ残っていません。当然、新知体は、生命史上初の知的な生き物が、なぜこんなにも環境破壊的で好戦的であり、地球史的には一瞬ともいえる時間で自滅したのか、頭を悩ませることでしょう。

ところが異常を示す地層から芸術作品が発掘されたらどうなるでしょう。自滅したといえども「美」を求める心と「美」を造形する手わざをもった史上初の芸術家だった、として人間の生命史的な位置づけを見直すはずです。

そこで提案したいのが「美の化石美術館」構想です。「人間とは何か」「人間はいかに生きたのか」をテーマにした芸術作品を世界各国から集めて深海底に沈め、一種の「美の化石」として地層に保存し、新知体に届けようという計画です。

化石図鑑を見れば、クラゲも昆虫も木の実も葉っぱも、過去に生きていたすべての生き物は化石として残っています。したがって天然繊維を用いた織物、天然顔料を使った絵画、墨と紙を使った書、木工品や竹細工、陶磁器や石彫など、伝統的な芸術作品は、条件さえ整えば化石として何億年も残るはずです。

具体的には、作品を緻密な粘土でシールして水と空気を遮断し、頑丈に梱包して深海底に沈めます。なぜ深海底かといえば、盗掘を防ぐためです。沈める場所は五〇〇〇万年後か一億年後に陸化すると予測される海域です。

海域の選定は難しい作業ですが、世界の地球科学者が協力すれば、必ず候補地がいくつか見つかるでしょう。そして百年ごとに各国から募集した作品を沈めてゆけば「美の化石美術館」の収蔵品は充実してゆきます。

もしこの計画をきっかけに私たちが核兵器と原発を廃絶し、環境問題を克服できたとすれば、人間は今後十万年以上存続して、もっと高度な文明を築くでしょう。人間は芸術を通じて、いくらでも精神性を高めることができるはずだからです。ロシアのウクライナ侵攻に対して、世界各国の芸術家が反戦や平和を訴える創作活動を展開しているのは、その表れだといえるでしょう。

何かのきっかけで「美の化石美術館」の扉を開いた新知体は瞬時に、これは人間からの贈り物だと理解するでしょう。そして、人間は物欲に振り回されて絶滅の危機を迎えたが、芸術を通じて危機を克服し、高度な文明を何万年も維持したというメッセージを読み解き、人間の思いやりに感謝するとともに、その偉業を称えるはずです。

さらに、美の化石美術館を含んだ地層よりも上位の地層からも人骨化石が産出していたのに、そうした地層を覆う、白亜紀／古第三紀の境界にあるような粘土層を見いだせば、どうでしょうか。絶滅の原因は隕石衝突や巨大噴火といった不可抗力な天変地異だったと判断して、偉大な芸術家の絶滅に哀悼の念を捧げてくれることでしょう。

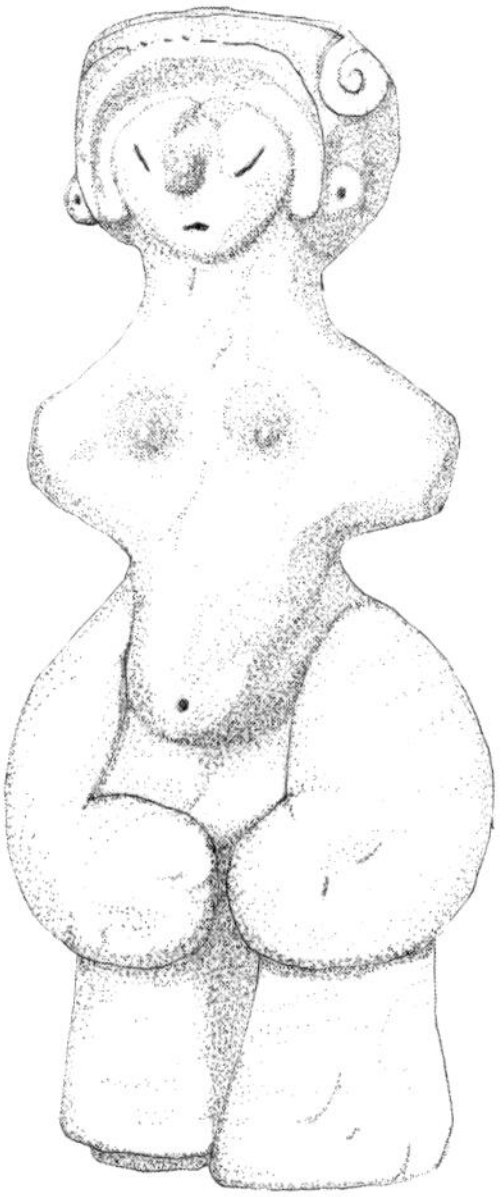

おわりに

一七世紀の西欧で西欧科学が成立し、一八世紀に産業革命が成功してから、人間は急速に科学技術を発達させました。二〇世紀に入ると戦争と環境破壊に明け暮れながらも「人間は宇宙を理解するために生みだされた知性だ」とうそぶき、「人間絶滅後の世界には意味がない」とまでいいだす始末です。

個々の人間は、死から逃れることはできません。しかし、死によって存在意義を失うわけではありません。むしろ将来世代に生きる力を与えることができるのです。

生物種としての人間も、いつの日か進化の舞台から消え去る運命にあります。でも、それで人間の歴史が終わるわけではありません。人間が出現し絶滅した経緯は地層に記録され、新知体によって記録が解読され、生命史で果たした役割が問われるのです。

現代の危機をもたらした元凶は近代西欧の偏った自然観（西欧科学）と人間観（人間中心主義）です。危機を克服するには新しい自然観と人間観を早急に打ち立てることが必要です。万人が心身ともに健康に生きるという目標を達成するためには、西洋の機械論的な人間観と中国の生気論的な人間観を超える新しい人間観とそれに則った治療法が必要なのと同じです。

そのためには「温故知新」。少なくとも人間が芸術的創造を始めた五万年前からの歴史を振り返り、世界各地で育まれた智恵を発掘し、それらを再評価することによって、西欧近代の偏った価値観を相対化する必要があります。

そうした作業は若い人たちに託さなくてはなりませんが、彼らだけに任せてよいのでしょうか。今は老境にある世代も将来世代に「最後のご奉公」をすべきではないか、と私は考えます。

なぜならば、人生の大半を高度経済成長の渦中で過ごし、若者よりはずっと近代化の陰を実感しているからです。同時に日本に固有の自然観と人間観に馴染んでいるし、戦後のわずかな時期とはいえ「質素・倹約」を旨とする伝統的な暮らしも体験しているからです。さらに言えば、六〇年安保闘争や七〇年の学園紛争を通じてそれなりに社会的発信はしたものの、一方で、現在の義務教育における脱政治化の種をまくという失敗も犯してしまったからです。

具体的な行動としては、まず近所の子どもや孫にいわゆる年寄りの智恵を語り聞かせることでしょう。自分の死に際を孫や弟子たちに見せることも重要です。同人誌や新聞の投書欄で主張を発信する。さらには、市民集会や街頭デモなどに参加して、行動する姿を若い世代に見せることなどが考えられます。

そうした際の参考になればと考えて、人間と地球、生き物そして未来とのつながりという新しい視点を紹介した次第です。

本論は、義兄尾添英二が主宰する文芸同人誌「方舟」の六七号（二〇二一年）と六八・六九号（二〇二二年）に寄稿した原稿に加筆し、図表を加えたものです。

最後になりましたが、編集と出版にご尽力いただいたヴィッセン出版の前田朋さんに感謝します。

《完》

二〇二二年一〇月二一日　原田憲一

参考文献

■原田憲一『地球について』国際書院、一九九〇
■原田憲一「第一章　科学・技術から未来文明を考える　科学技術はどこで間違えたのか――科学と技術と科学技術の違いから考える」二三―四四頁、伊東俊太郎・染谷臣道編著『収奪文明から還流文明へ』東海大学出版会、二〇一二
■日本地質学会監修『地学は何ができるか』愛智出版、二〇〇九

著者略歴

原田憲一（はらだけんいち）

一九四六年、山梨県甲府市に生まれる。

一九七〇年に京都大学理学部地質学鉱物学教室を卒業し、米国ウッズホール海洋学研究所へ留学。

一九七七年、京都大学大学院博士課程修了（理学博士号取得）後、一九七八年にアレキサンダー・フォン・フンボルト財団奨学研究員としてキール大学へ赴任。

一九七九年、米国ワシントン州立大学地質学研究室客員講師を経て、一九八〇年に山形大学理学部地球科学科助教授となる。

二〇〇二年、京都造形芸術大学（現京都芸術大学）を経て、二〇一五年至誠館大学学長に就任、二〇一八年に退任。

比較文明学会会長、他を歴任し、現在に至る。

地質学者が文化地質学的に考える

人間に必要な三つのつながり

2023年1月20日　初版第一刷発行

著　者　原田憲一
発行者　前田朋
発行所　ヴィッセン出版
〒889-1702　宮崎市田野町乙7484
TEL 0985-74-5757
印　刷
製　本　藤原印刷

ISBN 978-4-908869-22-8